Hocance

최고의 호텔 전문가가 알려주는

호캉스

어디로 가면 좋을까?

인피니티컨설팅　　이영섭 지음

머 리 말

현대 사회에서는 개인의 삶의 방식과 목표, 지각된 가치 등이 다원화·세분화됨에 따라 여가를 보내는 방식도 갈수록 다양해지고 있다. 최근 국내에서 휴가와 여행에 대한 사회적 인식이 역동적으로 변화하면서 새롭게 등장하고 각광받게 된 휴가 유형이 호캉스(hocance)다.

호캉스(Hocance)는 편의·유락 시설이 잘 구비된 호텔에서 1박 이상의 편안한 휴가를 보내는 방식을 지칭한다(마크로밀엠브레인, 2018). 호캉스에 대한 관심과 선호는 사실 수년 전부터 호텔을 자주 이용하는 고객들을 중심으로 서서히 확산되는 분위기였다. 그러다 2019년 하반기부터 전세계를 강타한 Covid-19 팬데믹으로 인해 급격하게 대중적 관심이 확산되었고, 실제로 Covid-19 감염·확진 위험을 피하고 사회적 거리두기로 인한 제약에서도 벗어나서, 홀로 또는 가족, 지인 등 2~3명과 함께 조용하고 오붓하게 호캉스 휴가를 보내는 일반인들의 수가 급증하였다.

이러한 여가·휴가 트렌드의 급격한 변화는 관광·여행업계 및 숙박업계에 새로운 기회이자 도전으로 간주되면서 학술적, 실무적 관심이 집중되고 있다. 특히, 그 중에서도 호캉스는 다른 유형의 스테이케이션과는 달리 큰 비즈니스 수익과 산업적 가치를 창출할 수 있다는 측면에서 관련 업계의 주목도가 빠르게 높아지고 있다.

호캉스는 호텔(hotel)과 바캉스(vacance)의 합성어로서 세계에서 우리나라만 새롭게 고안·창출된 개념이다. 호캉스는 기존의 원거리 관광·여행 또는 현장 관람·체험 중심의 여가 소비 방식의 질적, 근본적 변화를 뚜렷하게 보여주는 새로운 사회적, 대중적 트렌드라고 볼 수 있다. 이로 인해 호텔 및 관광업계의 새로운 전략적 아이템으로서 비즈니스·마케팅적 관심이 집중되고 있는 것이다.

최근 한국의 호텔 산업은 신규 호텔 증가 및 글로벌 호텔 체인의 국내 진출 등으로 인해 경쟁이 심화되고 있고, 서비스 차별화의 한계로 인해 시장 성장 동력도 정체된 실정이다. 이러한 상황에서 호텔 방문·이용 고객의 증가 및 호텔 서비스의 다원화·다각화 등을 견인할 수 있는 호캉스의 출현 및 대중적 선호도, 애호도 상승은 정체기에 접어든 한국 호텔업계에 새로운 성장 동력을 제공할 것으로 전망된다.

실제로, 한국 유수의 특급호텔들이 호캉스 패키지 상품을 경쟁적으로 출시하면서 새로운 여가 소비 형태에 대응하기 위해 많은 노력을 기울이고 있다. 하지만 아직까지는 호캉스 관련 상품들의 세부 구성이나 내용 면에서 독창적인 아이디어가 부재한 상태로서, 기존 호텔시설을 활용하면서 일반적, 전통적인 숙박 및 객실 서비스를 단순 결합하거나 할인 혜택을 제공하는 정도에 그치고 있어서, 호캉스 이용자들의 새로운 욕구와 기대를 충족시키지 못하는 실정이다.

이런 의미에서 이 책에서는 호텔과 호캉스의 의미를 확인하고 이를 바탕으로 지역별로 호캉스로 활용할 수 있는 호텔들의 서비스와 특징을 세밀하게 조사·분석하여 비교하였다. 이를 통해 호텔 측에서는 다른 호텔에 비하여 차별화된 전략과 고객 혜택 등을 높일 수 있는 유효한 방안과 실천 전략을 모색하는데 도움이 될 것이다. 또한 호텔을 이용하는 고객들에게는 호캉스를 선택하는데 객관적인 정보역할을 할 것이다.

이 책은 호텔과 호캉스에 대해서 알아보고, 여유 있고 행복한 호캉스를 할 수 있는 노하우들을 제시하고 있으며, 그 동안 호텔을 이용하면서 몰랐던 호텔을 효과적으로 사용하는 방법을 제시하였다. 이 책을 통하여 호캉스를 즐기는 데 도움이 되길 바란다.

지은이 이영섭

목 차

제1장
호텔이란 무엇인가?

1. 호텔의 어원

　호텔은 여행자와 관광객들이 숙박을 할 수 있는 시설이 있는 업소를 말한다. 숙박시설은 용도와 가격에 따라 리조트, 호텔, 모텔, 콘도미니엄, 호스텔, 펜션, 여관, 민박, 여인숙, 원룸텔, 게스트하우스, 레지던스, 풀빌라 등으로 나눈다. 그중에서 호텔은 숙박시설 중 규모가 비교적 큰 곳으로 일반적으로 소규모의 숙박시설로 여관이 있다면 호텔은 대표적인 대규모 숙박시설이다.

　호텔의 어원은 여행자들을 위한 숙소라는 뜻의 호스피탈레(Hospitale)에서 유래했으며 이 단어의 의미는 '나그네, 손님, 타향인' 또는 그들을 접대하는 '숙소의 주인'이라는 뜻이다. 이는 나중에 병자를 치료하기 위한 장소로 변용되어 hospital → hostel → hotel로 변화하게 된다. hospital의 뜻은 '참배자, 순례, 나그네를 위한 숙소'라는 뜻으로 현대의 병원을 가리키는 호스피탈(Hospital)과 호스텔(Hostel; 여인숙)의 파생어를 만들었다. 즉 Hospitail이 Hostel과 역사적으로 변화되어 Hotel로 발달한 것이라고 볼 수 있다. 따라서 병원(hospital)과 어원이 같다. 이처럼 호텔이라는 용어가 병원이라는 단어에서 유래한 것은 병원의 내부 시설이나 서비스 측면에서 볼 때 많은 유사점을 가지고 있기 때문이다.

　프랑스어에서는 'hôtel'은 숙박시설이란 뜻 외에도 '저택', '관저'라는 뜻이 있다. 그래서 hôtel de ville은 영어로 번역하면 'hotel of city'(도시의 호텔)이 아니라 'city hall(시청)'이 된다. 이 때문에 프랑스 여행 중 시청을 호텔로 오해하고 하룻밤을 지낸 영국인 관광객이 뉴스에 나온 적이 있다.

　중화권에서는 호텔을 판디엔(饭店/飯店 fàndiàn 반점 혹은 大飯店)이라고 부르며 지우디엔(酒店 jiǔdiàn 주점 혹은 大酒店)도 쓰인다. 중국의 전통 숙박시설은 음식을 파는 식당을 겸해서 반점이라 하였고, 술을 파는 주점과 겸해 주점이라고 하였다. 예로 베이징의 북경반점(베이징 호텔), 용성려궁주점(북경윈덤호텔), 타이베이의 원산대반점(더 그랜드 호텔 타이베이) 등이 있다. 과거 우리나라에서 주막이 여관과 동일시되던 것과 비슷하다.

2. 호텔의 정의

호텔의 개념에 대해서는 나라마다 약간씩 다르나, 보통 일정한 지불 능력이 있는 사람에게 숙소와 식음료를 제공할 수 있는 시설을 갖추고, 고객이 원하는 서비스를 제공하는 장소 또는 그러한 서비스 업체를 가리킨다.

일반적으로 호텔이란 식음료, 운동, 회의, 세탁, 사무 및 기타 제품 사용과 같은 서비스를 갖춘 약 50~2,000개의 객실을 보유한 숙박시설을 말한다. 웹스터 사전에서 정의하는 호텔이란 일반대중에게 숙박, 음식, 환대 그리고 다양한 서비스를 제공하는 건물 또는 시설이라고 정의하였다.

법규적으로는 관광진흥법 제3조에 의하면 "관광객의 숙박에 적합한 시설을 갖추어 이를 관광객에게 제공하거나, 숙박에 부수되는 음식 · 운동 · 오락 · 휴양 · 공연 또는 연수에 적합한 시설 등을 함께 갖추어 이를 이용하게 하는 업"이라고 정의하였다.

일반적 호텔이란 경제적으로 지불 능력이 있는 불특정고객에게 영리를 목적으로 적합한 숙박과 시설을 갖추고 무형의 인적 서비스 상품을 바탕으로 공익개념의 휴식과 오락 등 여가를 즐길 수 있는 문화적 공간을 제공하는 공공건물이라 할 수 있다.

오늘날 환대산업(hospitality industry)이라고 하면 호텔 레스토랑, 사교클럽 등을 의미하는데, 여기에는 정중하고 예의 바르게 일정한 격식을 갖추어 접대하는 장소의 의미를 내포하고 있다.

크기는 보통 객실 수 300개 이상을 대규모 호텔, 객실 수 100~300개를 중규모 호텔이라 하고, 객실 수 100개 이하를 소규모 호텔이라 한다. 우리나라 호텔업에 대한 등급은 관광진흥법에 따라 5등급으로 구분된다(1~5성급).

3. 호텔의 역사

    한국의 경우 근대식 호텔이 들어선 것은 1888년 인천 중구 중앙동에 일본인 업자가 세운 대불호텔이 최초이다. 개항 초기 숙박업은 부산 원산 인천을 중심으로 발달했는데, 외국인 상인들이 단골 고객이었다. 당시만해도 대불호텔은 신식 문물의 창구이면서 '양탕국'이라고 불리던 커피가 여기서 첫선을 보였다.

대불호텔   손탁호텔

    1902년 서울 정동에 세워진 손탁호텔은 최초의 서구식 호텔로 꼽힌다. '사교계의 꽃'으로 불렸던 독일 여인 손탁이 고종에게 하사받은 터에 지은 2층 양옥 호텔이었다. 객실 식당 연회장을 갖췄고 미국인을 주축으로 결성된 사교모임 '정동구락부'도 여기서 열렸다.

    이후 1909년 하남호텔이 개관하였으며, 이후 일본이 한반도에 철도를 개설하기 시작하자 역 주변에 철도호텔이 들어선다. 1912년 부산역사에 지은 2층 호텔을 시작으로 신의주철도호텔 조선경성철도호텔 금강산호텔 등이 개관했다. 하지만 운영상의 이유로 철도호텔은 민간자본에 넘어간다.

1914년 조선총독부는 고종황제가 천신께 제사를 지내던 원구단을 헐고 조선호텔을 지었다. 개관 초기 일본 국빈의 접대 장소로 활용됐던 호텔은 1950년대 미군정에 넘어가 미군 장군 숙소로 쓰였다. 1958년 난로 과열로 인한 화재로 4층 건물이 소실되었다. 1970년 다시 문을 연 조선호텔은 지하 2층 지상 18층 500개 객실을 갖추며 서울을 상징하는 건물이 됐다. 1979년 '웨스틴조선호텔'로 이름을 바꾸어 지금까지 운영하고 있으며, 현존하는 호텔 중에선 가장 역사가 오래되었다.

조선호텔   웨스틴조선호텔

1936년 반도호텔을 거쳐 1963년 워커힐호텔, 1966년 세종호텔, 1973년 롯데호텔 등 대규모의 현대식 호텔들이 잇따라 생겨났다.

2010년대 초반부터 한국으로 오는 중국인 관광객이 급증하였고 이렇게 입국 관광객의 급증세로 인하여 특히 서울과 제주의 호텔 객실 부족이 심각해지면서 정부가 호텔 건축 용적률 규제를 완화한 후에 신규 호텔 건립이 급증하여 서울과 제주 및 부산의 호텔 숫자는 엄청날 정도로 증가하였고 과거 호텔이 없던 지역에도 신축 호텔 건립이 이루어지면서 우리나라 전체의 호텔 숫자가 급격히 증가하였다.

4. 관광숙박시설

우리나라에서는 「관광진흥법」 제3조, 「관광진흥법」 제4조, 「관광진흥법 시행령」 제2조, 「관광진흥법 시행령」 제3조, 「관광진흥법 시행령」 제5조에 의하여 관광숙박시설은 크게 호텔과 휴양 콘도미니엄으로 구분하며, 호텔은 다시 관광호텔, 수상관광호텔, 한국전통호텔, 가족호텔, 호스텔, 소형호텔 및 의료관광호텔로 세분한다.

가. 호텔

관광객의 숙박에 적합한 시설을 갖추어 이를 관광객에게 제공하거나 숙박에 딸리는 음식 · 운동 · 오락 · 휴양 · 공연 또는 연수에 적합한 시설 등을 함께 갖추어 이를 이용하게 하는 시설을 말한다.

1) 관광호텔

관광객의 숙박에 적합한 시설을 갖추어 관광객에게 이용하게 하고 숙박에 딸린 음식 · 운동 · 오락 · 휴양 · 공연 또는 연수에 적합한 시설 등을 함께 갖추어 관광객에게 이용하게 하는 시설을 말한다.

관광호텔업을 영위하고자 하는 자는 욕실이나 샤워 시설을 갖춘 객실을 30실 이상 확보하고, 외국인에게 서비스를 제공할 수 있는 체제를 갖추고 있어야 하며, 대지 및 건물의 소유권 또는 사용권을 확보하고 있는 등의 일정 요건을 갖추어 특별자치도지사 · 시장 · 군수 · 구청장에게 등록하여야 한다.

부산관광호텔, 국제관광호텔, 광장관광호텔, 온양관광호텔, 동방관광호텔, 제천관광호텔 , 자연관광호텔 ,백암관광호텔, 삼척관광호텔, 마리나관광호텔 등 2021년 기준으로 전국에 1,074개가 등록되어 운영하고 있다.

2) 수상관광호텔

수상에 구조물 또는 선박을 고정하거나 매어 놓고 관광객의 숙박에 적합한 시설을 갖추거나 부대시설을 함께 갖추어 관광객에게 이용하게 하는 시설을 말한다.

수상관광호텔업을 영위하고자 하는 자는 수상관광호텔이 위치하는 수면은 중앙관서의 장으로부터 점용허가를 받을 것, 욕실이나 샤워시설을 갖춘 객실이 30실이상일 것, 외국인에게 서비스를 제공할 수 있는 체제를 갖추고 있을 것, 수상 오염을 방지하기 위한 오수 저장·처리시설과 폐기물처리시설을 갖추고 있을 것, 구조물 및 선박의 소유권 또는 사용권을 확보하고 있을 것 등의 일정 요건을 갖추어 특별자치도지사·시장·군수·구청장에게 등록하여야 한다.

우리나라에는 2008년에 삽교호 수상관광호텔이 분양하였으나 운영하지 않고 있다. 아직까지는 기존 호텔에 고정관념 때문인지 선박 등을 개조한 수상관광호텔의 성공 사례는 없으나 관광 산업의 발전을 위한 하나의 모델로 추천은 되고 있지만 현재 등록되어 있는 수상관광호텔은 없다.

삽교호 수상관광호텔

3) 한국전통호텔

한국 전통의 건축물에 관광객의 숙박에 적합한 시설을 갖추거나 부대시설을 함께 갖추어 관광객에게 이용하게 하는 시설을 말한다.

한국전통호텔업을 영위하고자 하는 자는 건축물의 외관은 전통가옥의 형태를 갖추고 있을 것, 이용자의 불편이 없도록 욕실이나 샤워시설을 갖추고 있을 것, 외국인에게 서비스를 제공할 수 있는 체제를 갖추고 있을 것, 대지 및 건물의 소유권 또는 사용권을 확보하고 있을 것 등의 일정 요건을 갖추어 특별자치도지사·시장·군수·구청장에게 등록하여야 한다.

고려궁전통한옥호텔, ㈜신라밀레니엄 라궁, 한국호텔영산재 등 2021년 기준으로 전국에 3개가 등록되어 있다.

고려궁전통한옥호텔

4) 가족호텔

가족 단위 관광객의 숙박에 적합한 시설 및 취사 도구를 갖추어 관광객에게 이용하게 하거나 숙박에 딸린 음식·운동·휴양 또는 연수에 적합한 시설을 함께 갖추어 관광객에게 이용하게 하는 시설을 말한다.

가족호텔업을 영위하고자 하는 자는 가족 단위 관광객이 이용할 수 있는 취사시설이 객실별로 설치되어 있거나 층별로 공동취사장이 설치되어 있을 것, 욕실이나 샤워시설을 갖춘 객실이 30실 이상일 것, 객실별 면적이 19m2 이상일 것, 외국인에게 서비스를 제공할 수 있는 체제를 갖추고 있을 것, 대지 및 건물의 소유권 또는 사용권을 확보하고 있을 것 등의 일정 요건을 갖추어 특별자치도지사·시장·군수·구청장에게 등록하여야 한다.

호텔공지천, 주문진리조트, 썬크루즈호텔&리조트, 망상해오름가족호텔, 베니키아호텔 산과바다 속초, 더케이설악산가족호텔, 호텔굿모닝, LK HOTEL, 화양강호텔, 세이지우드 호텔 홍천, 골든메이플관광호텔, 엘스호텔 등 2021년 기준으로 전국에 165개가 등록되어 운영하고 있다.

썬크루즈호텔&리조트

5) 호스텔

호스텔은 배낭 여행객 등 개별 관광객의 숙박에 적합한 시설로서 샤워장, 취사장 등의 편의 시설과 외국인 및 내국인 관광객을 위한 문화·정보 교류시설 등을 함께 갖추어 이용하게 하는 시설을 말한다.

원래 호스텔은 호텔(Hotel)과 대비되는 개념의 숙박장소. 보통 알려져 있기는 유스호스텔(Youth Hostel)이라고 알려져 있지만, 굳이 청소년만 쓰는 게 아니기 때문에 최근에는 그냥 호스텔이라고 부르는 경우가 많으며, 게스트하우스라고 부르기도 한다. 호스텔은 개인실도 있지만, 적게는 3~4명부터 많게는 4~50명까지도 한 방을 쓰기도 한다.

호스텔업을 영위하고자 하는 자는 배낭여행객 등 개별 관광객의 숙박에 적합한 객실을 갖추는 등의 일정 요건을 갖추어 특별자치도지사·시장·군수·구청장에게 등록하여야 한다.

봄엔게스트하우스, 에스파스호스텔, 게스트하우스 안도,, 썬앤제이드, 아라비카 호스텔, 이스트하우스 호스텔, 화이트스테이션 호스텔, 스테이호스텔 등 2021년 기준으로 전국에 778개가 등록되어 운영하고 있다.

전주 한옥마을 향촌

6) 소형호텔

관광객의 숙박에 적합한 시설을 소규모로 갖추고 숙박에 딸린 음식·운동·휴양 또는 연수에 적합한 시설을 함께 갖추어 관광객에게 이용하게 하는 시설을 말한다.

소형호텔업을 영위하고자 하는 자는 욕실이나 샤워 객실을 갖춘 객실을 20실 이상 30실 미만으로 갖추고 부대시설의 면적 합계가 건축 연 면적의 50% 이하로 하는 등 일정 요건을 갖추어 특별자치도지사·시장·군수·구청장에게 등록하여야 한다.

하슬라아트월드, 브루클린호텔, 라우스데오. 울릉도이사부호텔, 울릉관광호텔, 브라운도트호텔, 오션투헤븐 등 2021년 기준으로 전국에 40개가 등록되어 운영하고 있다.

하슬라아트월드

7) 의료관광호텔

의료관광객의 숙박에 적합한 시설 및 취사도구를 갖추거나 숙박에 딸린 음식·운동 또는 휴양에 적합한 시설을 함께 갖추어 주로 외국인 관광객에게 이용하게 하는 시설을 말한다. 의료관광호텔업을 영위하고자 하는 자는 의료관광객이 이용할 수 있는 취사 시설을 객실별로 설치하거나 층별로 공동취사장을 설치하는 등 일정 요건을 갖추고, 외국인환자유치의료기관 개설자 또는 유치업자로 등록한 자일 것 등의 일정 요건을 갖추어 특별자치도지사ㆍ시장ㆍ군수ㆍ구청장에게 등록하여야 한다. 의료관광호텔은 아직 등록되어 있는 곳이 없다.

나. 휴양 콘도미니엄

관광객의 숙박과 취사에 적합한 시설을 갖추어 이를 그 시설의 회원이나 공유자, 그 밖의 관광객에게 제공하거나 숙박에 딸리는 음식ㆍ운동ㆍ오락ㆍ휴양ㆍ공연 또는 연수에 적합한 시설 등을 함께 갖추어 이를 이용하게 하는 시설을 말한다.

휴양 콘도미니엄업을 영위하고자 하는 자는 같은 단지 안에 객실을 30실 이상 확보하는 등의 일정 요건을 갖추어 특별자치도지사ㆍ시장ㆍ군수ㆍ구청장에게 등록하여야 한다.

이랜드파크 켄싱턴리조트 지리산남원, 지리산하이츠 콘도, 지리산토비스콘도, 일성지리산 콘도미니엄, 일성무주콘도미니엄 등 2021년 기준으로 전국에 208개가 등록되어 운영하고 있다.

이랜드파크 켄싱턴리조트 지리산남원

5. 호텔의 이용 목적

호텔은 과거에는 주로 단순히 객실만 제공하여 숙박과 식사를 제공하는 기능에서 최근 들어서는 호텔에서 문화 체험·교육·레저·휴식 등 다양한 복합 서비스를 제공하는 문화공간으로 바뀌어 가고 있다. 호텔을 이용하는 목적을 보면 다음과 같다.

가. 비즈니스

호텔을 가장 많이 이용하는 목적은 비즈니스를 위해서이다. 실제로 호텔 투숙객의 구성을 보면 비즈니스 목적의 투숙객은 여성보다 남성이 3배 이상의 구성 비율을 보이고 있다. 한 통계 자료를 보면 호텔 이용 직업별 분포도를 보면 회사원(33.7%), 사업가(26.9%), 엔지니어(9.1%), 변호사(5.8%), 금융업(5.3%), 기타(19.2)로 비즈니스 목적으로 호텔을 이용하는 고객들은 대부분 회사원 및 다양한 전문직 고객임을 알 수 있다.

비즈니스를 목적으로 호텔을 사용하는 객실의 유형도 로열층과 스위트룸을 선호하는 것으로 나타나 호텔에서 비즈니스와 휴식을 함께 이용하려는 특성이 있다.

나. 관광

두 번째로 많은 이용 목적은 관광을 목적으로 호텔을 이용하는 것이다. 관광을 목적으로 하는 경우에는 호텔의 자연경관과 조경, 주변의 관광지 등에 큰 영향을 받는다. 현대인들의 여가생활의 증가로 인하여 초기에는 주로 관광을 하고 숙박하는 것이 주된 목적이었으나, 최근에는 이용자의 경제적 여유와 시간적 여유가 생기고 장비의 보급 확대 및 가족 단위의 레저 활동이 증가함에 따라 호텔들도 단순 숙박시설에서 벗어나 여행객들이 체류와 레저를 즐길 수 있도록 캠핑장이나 바비큐 시설 등 다양한 시설을 구비한 호텔이 증가하고 있다.

다. 힐링

힐링(Healing)은 우리나라 뿐 아니라 전 세계적으로 다양한 분야에서 광범위하게 사용되고 있으며, 실제 여행·음식·서비스·문화계 등 다방면에서 힐링과 접목한 상품들이 대거 출시되고 있다. 이러한 힐링을 원하는 인구가 증가하면서 호텔에서 힐링하려는 인구도 증가하고 있다.

힐링은 사전적 의미로 몸이나 마음을 치유하는 것을 말한다. 웹스터 사전에는 힐링을 건강하도록 치료하거나 회복하는 행위 또는 과정으로서 정의하고 있다. 조금 더 구체적으로 본다면, 스스로 병이나 상처를 고치거나 낫게 하고, 스트레스나 정신적인 질환을 회복시키거나, 마음을 깨끗이 정화하는 활동이라 할 수 있다.

우리말 중 힐링과 가장 가까운 단어는 치유(治癒)라 할 수 있는데, 치유는 "병을 치료하여 낫게 한다"로 정의 할 수 있다. 이는 치료(治療)와 비슷한 의미로, 일반적으로 큰 구별없이 혼용되고 있다.

이처럼 힐링을 원하는 인구의 증가로 인하여 호텔에서 휴가를 즐기려는 호캉스와 같은 새로운 분야가 등장하게 되었다.

6. 호텔의 현황

전국의 호텔 숫자는 2012년에 786개에서 2년 만인 2014년에 206개가 증가한 1,092개가 되었고 다시 겨우 2년 만에 430개가 늘어 2016년에는 1,522개를 기록하였고 다시 1년 만에 85개가 증가하며 2017년엔 전국의 호텔 숫자가 무려 1,617개가 되었다.

2021년 12월 31일 기준 전국 관광호텔업은 1,074개, 한국전통호텔 3개, 가족호텔업 165개, 호스텔업 778개, 휴양 콘도미니엄 208개 등 총 2,228개가 운영되고 있는 것으로 나타났다. 2017년과 비교했을 때 무려 611개가 증가하여 37%가 성장하였다.

2022년 현재 우리나라에서 영업을 하고 있는 호텔 중 5성급 57개, 4성급 96개, 3성급 156개, 2성급 229개, 1성급 100개로 총 638개가 운영되어 현재 숙박시설 중에서 28.6%가 등급제를 시행하고 있다.

전국에서 호텔이 가장 많은 지역은 서울로 2021년 12월 31일 기준 서울시는 관광호텔업 330, 가족호텔업 19개소, 호스텔업 107, 소형호텔업 7개소 등 총 463개소에, 6만 1,483실을 보유하고 있는 것으로 나타났다. 서울시에서 제공한 자료에 따르면 2021년 12월 말 기준 호텔업 등록 수의 경우 중구가 104개소(1만 8758실)로 가장 많고, 강남구(65개소, 9559실), 종로구(43개소, 4162실) 순으로 1, 2, 3위의 순위는 여전히 변함이 없다.

서울의 호텔 수는 2013년 191개(객실 2만 9,828개)이었으며, 2017년에 399개(객실 5만 3,453개)로 급증했고 여기에 2022년까지 서울 시내에 준공 예정인 호텔도 188개(객실 2만 8,201개)이다. 이는 10년 사이에 서울시의 호텔 숫자는 3배 증가하였으며, 객실 숫자는 2.7배가 증가하는 것이다. 하지만 이처럼 서울에서 호텔이 증가하다가 2020년에 코로나 19 여파로 호텔 이용자의 급감으로 인해서 적자 운영을 견디지 못하다 서울의 대형 호텔들이 부동산 매물로 나왔다.

2020년 3월 말과 비교했을 때 총 1개소가 감소하고, 1,521실이 증가했다. 그동안 서울시의 호텔 수는 2018년 49개소, 2019년 34개소 등 꾸준히 증가했지만, 코로나19 발생 이후 그 증가세가 줄어든 것을 넘어 지난해에는 이례적으로 호텔 수가 감소하는 현상을 보였다.

지난해 페어몬트 앰배서더 서울, 조선 팰리스 서울 강남, 힐튼 가든 인 서울 강남, 소피텔 앰배서더 서울 호텔 & 서비스드 레지던스 등 굵직한 호텔들이 새롭게 오픈했지만 그만큼 폐업하는 호텔의 수가 많았기 때문으로 보인다. 반면 호텔 수가 줄었음에도 객실 수가 늘어난 것은 큰 규모의 호텔이 문을 열었지만 작은 규모의 호텔들이 다수 문을 닫았다는 것을 유추할 수 있다.

반얀트리 호텔

7. 호텔의 등급

호텔 등급의 표시 형식과 등급 결정은 각 나라마다 차이가 있다. 유럽에서는 '별'로 등급을 표시하며 5성급은 특급으로 가장 높은 등급이다. 미국에서는 다이아몬드로 나타낸다.

우리나라는 1971년부터 시작된 관광호텔 등급심사제도는 교통부에서 결정했지만, 민간단체(1999~2014)와 한국관광공사(2015~2020)를 거쳐 현재는 한국관광협회중앙회가 수탁기관이 되어 업무를 맡고 있다. 단, 제주도는 제주 신라 호텔에서 심사한다.

우리나라는 약 40년 동안 원래는 특1급, 특2급, 1등급, 2등급, 3등급 총 5등급으로 나눠 무궁화 개수로 나누고 있었다가 2016년부터는 모든 호텔이 국제적으로 쓰이고 있는 별로 통일되기 시작하여 현재 호텔은 1성급~5성급으로 나누어진다.

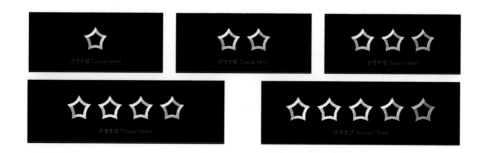

국제적으로 통용되는 호텔 등급은 5성급이 최고의 등급이고, 이 이상의 것들은 흔히 6성급, 7성급이라고 소개하는 호텔이 있지만 그것은 호텔 자체의 등급일 뿐, 사실 정식 등급은 아니다.

관광진흥법에 따라 호텔업을 등록한 후 60일 이내에 관계기관(현 한국관광공사)에 등급결정신청을 해야 하며, 3년마다 심사를 받는다. 호텔업에 따라 평가 방식이 차이가 나타나지만 보통 시설을 기준으로 현장평가와 불시 평가(암행 평가)를 통해서 심사가 이루어진다. 점수에 따라서 호텔 등급이 나누어지는데 기준은 다음과 같다.

- 1성급: 깨끗한 객실과 함께 욕실이 있고, 조식이 가능하며 안전이 보장된 곳이여야 한다.
- 2성급: 1성급 기준 + 식음료 부대시설
- 3성급: 2성급 기준 + 1개 이상의 레스토랑, 로비, 라운지, 휴식공간
- 4성급: 3성급 기준 + 고급스러운 시설과 서비스, 로비, 고품질의 가구와 함께 침구가 마련되어 있어야 하며, 연회장과 국제회의장, 비즈니스센터, 레스토랑 2개가 있어야 하며, 룸서비스도 12시간 이상 이용이 가능해야 한다.
- 5성급: 4성의 기준 + 3개 이상의 레스토랑, 대형 연회장과 국제회의장, 24시간 룸서비스

〈표 1-1〉 호텔 등급

구분	개
5성급	57
4성급	96
3성급	156
2성급	229
1성급	100
계	638

출처 : 호텔업등급관리국 2022년 자료

현재 서울에 5성급 호텔은 총 29개로 그랜드 머큐어 앰배서더 호텔 앤 레지던스, 노보텔 앰배서더, 노보텔 스위트 앰배서더, JW 메리어트, 임피리얼 팰리스 호텔, 메이필드 호텔, 그랜드 워커힐 서울, 워커힐 호텔앤리조트 서울, 호텔, 콘래드 서울 호텔, 밀레니엄 힐튼, 포시즌스 호텔, 인터컨티넨탈 코엑스, 그랜드 하얏트, 스위스 그랜드 호텔, 안다즈 서울 강남, 시그니엘, 롯데 호텔 월드, 롯데 호텔 서울, 파크 하얏트, 웨스틴 조선, 더 플라자, 페어몬트 앰버서더 서울 그랜드 인터컨티넨탈 서울 파르나스, 몬드리안 서울 이태원, 호텔 신라, 조선 팰리스 서울 강남, 호텔 오크우드 프리미어 등이 있다.

그랜드 워커힐 서울

8. 호텔의 별칭

호텔의 시설 수준에 따라서 하룻밤 묵는 비용도 다양한데, 고급스러운 곳은 하루 숙박 요금이 수십만 원이고 보통 호텔의 경우는 10만 원 정도 한다. 국가원수나 재벌 총수급들이 묵는 최고급 호텔의 방은 하루 숙박비가 수천만에 달하는 경우도 있다. 고급호텔의 시설은 궁정과 같으며, 전경과 조경은 거의 왕궁 수준인 곳도 있다. 세계 최고의 호텔로 뽑히는 호텔들은 왕궁만큼 좋거나 그 이상으로 좋은 경우도 있다. 따라서 호텔은 용도에 따라서 다음과 같이 부른다.

1) 비즈니스 호텔 (Business Hotel)

업무차 단기간 동안 체재하는 호텔의 일종으로 고급호텔 수준에는 미치지 못하는 중급 수준의 호텔을 말한다. 내부 시설과 서비스는 고급 호텔에 뒤떨어지는 것은 아니지만 숙박료가 특급 호텔보다 저렴하며 프라이버시가 최대한 보장된다는 특징이 있다.

2) 컨벤션 호텔 (Convention Hotel)

회의가 자주 열리는 도시나 지역에 위치하며 회의가 개최되면 참가자가 숙박할 호텔을 말한다.

3) 리조트 호텔 (Resort Hotel)

주로 관광지에 위치한 호텔로 휴양 또는 오락을 목적으로 한 호텔을 말한다. 해안이나 경치 좋은 곳에 있는 별장식 호텔을 부를 때 사용한다.

4) 콘도미니엄 호텔 (Condominium Hotel)

주로 리조트에 위치하여 부대시설로서 레저 시설을 가지고 있는 호텔을 말한다. 콘도미니엄 리조트는 숙박시설 외에도 온천, 레크레이션 센터를 공유하고 있는 경우가 많다.

5) 이코노미 호텔 (Economy Hotel)

개별 욕실 시설이 없고 제한된 봉사를 해주는 대신 저렴한 가격에 호텔을 사용할 수 있다. 투어리스 호텔(Tourist Hotel) 또는 세컨드 클래스 호텔(Second Class Hotel)이라고 한다.

6) 가족호텔 (Family Hotel)

가족과 함께 여행하려는 사람들을 위한 독립된 공간과 서비스 그리고 가족적인 분위기를 갖춘 호텔을 말한다.

7) 아파트먼트 호텔 (Apartment Hotel)

고객이 장기 투숙하기에 맞도록 만들어진 호텔이며, 각 객실에는 조리를 할 수 있는 간단한 주방 설비를 갖춘 곳을 말한다.

8) 시티호텔 (City Hotel)

주로 도심지에 위치한 호텔은 단기간인 여행객을 대상으로 한 호텔을 말한다.

9) 에어포트 호텔 (Airport Hotel)

공항 근처에 있는 호텔로 늦게 도착하거나 일찍 출발하는 비행기를 탈 때 사용하는 호텔이다.

10) 하이웨이 호텔 (Highway Hotel)

자동차 여행객을 대상으로 한 숙박시설로 자동차의 급유, 세차, 수리하는 설비를 갖춘 호텔을 말한다.

제2장
호캉스란 무엇인가?

1. 호텔 스테이케이션의 등장

빠르고 다양하게 변하는 사회만큼 현대인들의 휴식의 스타일도 변하고 있다. 일상 속에서 온전한 쉼을 누릴 수 있는 호텔에서의 여유로운 하루를 즐기는 소비자들이 늘어나면서 스테이케이션(Staycation)이 등장하였다.

스테이케이션(Staycation)는 2003년 테리 마세이(Terry Massey)가 처음 사용한 용어다. '머문다'는 뜻의 (stay)와 '휴가'를 뜻하는 (vacation)의 합성어로 주거지에서 멀리 떠나지 않고 집 또는 호텔이나 리조트 등의 숙소에서 머물며 여유를 즐기거나 조용하게 휴가를 보내는 여가 방식을 말한다.

스테이케이션은 2007~2010년 미국의 금융 위기 당시 인기를 얻었으며, 파운드화 약세로 인해 해외 휴가가 훨씬 더 비싸짐에 따라 2009년 영국에서도 인기 있는 현상이 되었다. 스케이케이션의 다양한 정의가 있지만 피터 예위치(Peter Yesawich; 2010)는 집(거주지) 반경 50마일(약 80.5km)내에서 최소한 1박 이상의 여행이나 여가를 보내는 것이라고 하였다.

스테이케이션은 유명 관광지나 맛있는 식당이나 유명한 카페를 가는 관광이 아니라 호텔이나 리조트 등의 숙소에 머물며 편안하고 여유로운 휴식을 취하는 것이다. 우리에게 익숙한 기존 방식의 여행은 여행 계획을 짜고, 먼 거리로 이동을 해야하며, 많은 인파에 치여 피로감이 동반되는 데 비하여 스테이케이션은 활동이 아닌 쉼에 초점을 맞춘 방식의 여행이라고 할 수 있다.

스테이케이션의 열풍이 일어난 가장 큰 이유는 소비자들의 여가에 대한 인식 전환에 따른 소비 트렌드의 변화와 함께 주 5일제가 보편화되고 소득수준이 향상됨에 따라 주말을 이용한 호텔 이용 기회가 더욱 많아졌기 때문이다.

더욱이 코로나 19로 인하여 사회적 거리 두기로 인해 사람들과 접촉을 최대한 피하면서 즐길 수 있는 가장 매력적인 여행으로 자리 잡는 추세이다.

2. 호캉스의 정의

최근 국내에서 휴가와 여행에 대한 사회적 인식이 역동적으로 변화하면서 새롭게 등장하고 각광받게 되면서 호텔에 머무는 호캉스(Hocance), 카페에서 보내는 카캉스, 집에서 보내는 홈캉스(Homecance), 책을 읽으면서 보내는 북캉스'(Bookcance), 쇼핑몰을 도는 몰캉스(Mollcance), 백화점 안에서 있는 백캉스 등의 신조어들이 생겨났다.

호캉스는 편의·유락 시설이 잘 구비된 호텔에서 1박 이상의 편안한 휴가를 보내는 방식, 홈캉스는 번잡한 여행지나 관광지를 피해서 집이나 현재 주거지에서 1박 이상의 근로 활동 없는 휴식을 취하는 방식을 말한다.

북캉스는 주거지 근처의 냉방 시설이 잘 구비된 서점이나 도서관을 찾아서 평소 보고 싶었던 책을 실컷 읽으면서 나만의 편안한 시간을 보내는 방식을 말한다.

맛캉스는 집·주거지 근처의 맛집을 찾아 좋아하는 음식 또는 맛있는 음식을 먹으면서 근로 활동 없는 휴식과 보양(補養)을 취하는 방식을 말한다.

몰캉스는 냉방 시설과 편의 시설이 잘 구비된 쇼핑몰이나 백화점에서 아이 쇼핑 등 자신이 선호하는 여가, 휴식 활동을 취하는 방식 등을 의미한다.

이들 중에서 한국인들이 가장 선호하는 스테이케이션 유형은 호캉스, 맛캉스, 홈캉스의 순서로 나타났고, 스테이케이션 유형에 대한 인지도는 호캉스, 홈캉스, 맛캉스, 북캉스, 몰캉스의 순서로 보고되었다. 이 내용을 정리해 보면 〈표 2-1〉과 같다.

〈표 2-1〉 스테이케이션의 유형

유형	내용
호캉스	편의 시설이 잘 갖춰진 호텔에서 편안한 휴가를 보내는 방식
홈캉스	북적이는 인파와 소음으로부터 벗어나 집에서 편안한 시간을 보내는 방식
북캉스	서점이나 도서관을 피서지로 활용하는 방식
맛캉스	집 근처 맛집을 찾아 맛있는 음식을 먹으면서 휴가를 즐기는 방식
몰캉스	냉방 시설, 편의 시설 등이 잘 구비된 쇼핑몰이나 백화점에서 피서를 즐기는 방식

주: 마크로밀엠브레인 (2018). 여름휴가 및 스테이케이션 관련 인식 조사, p.8.

스테이케이션는 기존의 여행과는 다르게 특정 한 장소에 스테이를 하는 개념이다 보니 공간에서 머무는 시간을 최대화하기 위해 공간은 점점 진화하고 있다. 일상 내에서 여가를 즐길 수 있는 공간들은 여가뿐만 아니라 휴양의 의미로도 확대가 되어 여행의 일부로 해석되고 있다. 이런 흐름에 따라 전통적인 지역의 여행지로 휴가를 가는 사람들이 줄었고, 기업들은 휴가지 대신 선택할 수 있는 공간과 상품들을 개발하며 마련하고 있다.

이러한 이유로 휴가도 자신을 위한 선물로 간주하여 고급스럽고 여유로운 호텔에서의 휴식을 선물하려는 소비자도 증가하였다. 또한 호텔에서도 이러한 소비 트렌드를 반영하기 위해서 여행 중 단순 숙박을 위한 장소가 아니라 머무르며 휴식할 수 있는 상품을 개발하여 출시하고 있다.

호텔 룸 안에서 캠핑을 즐기는 상품을 출시하고, 책을 제공해서 호텔에 머무는 동안은 디지털 디톡스를 추천하는 등 투숙객들의 니즈를 반영한 다양한 상품들이 출시되고 있다. 호텔은 타인에게 방해받지 않고, 사람들이 원하는 진정한 휴식의 극대화를 이루기 위해서는 호텔은 아주 적합한 곳이다.

3. 호캉스의 장점

호캉스가 요즘 우리 사회에서 환영받고 젊은 세대들을 중심으로 성행하게 된 원인을 살펴보면 다음과 같다.

1) 짧은 휴가 기간을 즐길 수 있다.

비교적 짧은 휴가 기간 동안 먼 곳의 여행지나 관광지를 다녀오게 되면 촉박한 시간으로 인해 여행과 관광의 충분한 휴식이 되지 못할 뿐만 아니라 오히려 먼길을 여행하느라 심신이 더욱 지친 상태로 되기 쉽다. 따라서 이러한 문제를 해결할 수 있는 것이 바로 호캉스다. 호캉스는 비교적 짧은 시간을 가까운 호텔에 머물면서 충분히 심신을 회복하고 휴식을 취하는 데 효과적이다.

2) 번잡함에서 벗어날 수 있다.

일반적으로 관광지는 인파가 많아서 복잡하다 보면 휴식을 제대로 취하기 어렵다. 그러나 호캉스는 격리된 공간에서 나만의 휴가를 즐길 수 있기 때문에 인파들과 섞이지 않아서 진정한 휴식을 취할 수 있다.

3) 대인 관계에 신경을 쓰지 않아도 된다.

관광이나 여행을 갈 때는 대부분 가족이나 친지들과 함께 가게 되면 서로에 대하여 신경 쓸 일이 많아서 제대로 휴식을 가지기 어렵고, 오히려 피곤해질 수 있다. 그러나 호캉스는 혼자 가거나 연인이나 친구와 함께 가기 때문에 다른 사람에 대하여 신경쓰지 않아도 된다.

4) 상인들의 상술을 걱정하지 않아도 된다.

유명한 여행지나 관광지는 상인들이 과도한 호객행위나 바가지 요금 등으로 인해 여행객들이 금전적, 심리적으로 피해를 입은 경우가 많다. 그리고 상인들과 흥정을 해야 하는 경우가 있지만, 호캉스는 모든 것이 정해진 금액 안에서 고객의 선택에 의해서만 서비스가 이루어지기 때문에 오직 휴식만을 즐길 수 있다.

4. 호캉스의 트렌드

2020년 트렌드모니터의 소비자 트렌드 조사에서 응답자의 91.2%가 스테이케이션에 대해 실속 있고 편안하게 휴가를 보낼 수 있는 또 하나의 새로운 트렌드 문화라고 긍정적으로 응답하였고, 58.7%는 편의 시설이 잘 갖춰진 호텔에서의 휴가를 보다 선호하는 것으로 조사되었다.

특히, 코로나 19 팬데믹 이후 시대에는 호캉스가 좋은 대안이 된다고 평가한 응답자가 82.7%로 조사되어, 현재 호캉스에 대한 우리 사회의 인식이 상당히 긍정적, 우호적임을 확인할 수 있다.

호캉스에 대한 인지도와 관심, 선호도가 증가함에 따라, 관광업계, 숙박업계는 해외 대신 국내에서 휴가를 보내고자 하는 고객들을 유인하기 위해 다양한 프로모션을 추진하고 참신한 아이디어를 수집하고 고객들을 위한 다양한 서비스를 모색하고 있다.

이러한 흐름은 국내뿐 아니라, 해외의 상황도 마찬가지여서, 해외 각국, 각 지역의 호텔, 리조트, 관광지들은 지역 내 외식, 유통, 위락 업체들과의 긴밀한 협업, 제휴 속에 다양한 호캉스 패키지, 할인 이벤트, 마케팅 상품 등을 구성함으로써, 보다 많은 국내외 관광객들을 유치·초빙하기 위해 노력하고 있다.

호캉스는 코로나 19 팬데믹이라는 예상치 못한 재난 상황으로 인해 단기간에 활성화된 특수한 휴가 유형이라기보다는 갈수록 증가하는 휴가 유형으로 자리잡을 것이다. 특히 편리함과 안락함을 추구하고 자기 주도적 활동과 내적 가치, 주관적 즐거움을 중시하는 젊은 세대인 MZ 세대에게는 이미 호캉스가 휴가의 대세로 자리 잡았다.

그리고 많은 시간과 비용을 들여서 틀에 박힌 여행을 가기보다는 일상과 여행의 경계를 크게 구분짓지 않으면서 심신을 편안하게 휴양하면서 최고의 서비스를 제공받을 수 있다는 것은 호캉스가 가진 큰 장점이라고 할 수 있다. 근거리에서 고급스럽게 재충전할 수 있는 자신만의 라이프 스타일을 충족시킬 수 있는 호캉스는 앞으로 지속적으로 증가할 것으로 전망된다.

특히 일상과 여행 간의 경계를 허문 휴가로 지역 관광과 생활 관광을 융합한 독특한 방식의 휴가인 스테이케이션 중에서도 보다 고급스러운 서비스를 지향하는 고객들이 선호하는 호캉스는 고령의 부모, 어린 자녀, 반려 동물 등을 동반할 수 있기 때문에, 더욱 많은 호평을 얻으면서 그 수요가 가파르게 확산되고 있다.

이러한 호캉스를 즐기려는 고객이 증가함에 따라 고급 호텔들은 일반 아파트와 같은 편안하고도 일상적인 내부 구조에 취사세탁 시설, 독서나 가벼운 사무가 가능한 공간까지도 함께 제공함으로써, 정말로 '내 집처럼' 편안한 휴식을 제공하는 등 고객들의 만족도를 높이기 위해 다방면으로 모색하고 노력하고 있다.

이러한 호텔업계의 노력과 홍보 및 이를 경험한 고객들의 구전 효과 등으로 인해, 전반적으로 우호적인 여론 속에 최근에 급격히 확대되고 있는 '호캉스 마케팅'은 치열한 경쟁으로 인해 성장 잠재력이 둔화된 호텔업계에 새로운 발전 동력을 제공할 것으로 전망된다.

5. 서비스 스케이프의 개념 및 정의

호텔을 찾는 고객들은 호텔에서 제공하는 다양한 감각적 취향(향기, 음악, 소음, 색상 등 각종 속성의 조합)들과 환경적 취향(실내 장식, 가구, 각종 시설 등의 배치, 설계, 디자인 등)들을 통해 호텔의 만족도를 평가한다. 이러한 고객의 취향으로 인하여 호텔이 제공하는 환경의 중요성과 함께 시각적, 청각적, 후각적, 촉각적 요소를 포함한 환경적 분위기를 바꾸려는 호텔들이 증가하고 있다. 이처럼 호텔들이 고객들의 오감을 자극하는 물리적, 건축적, 환경적 요소와 속성들을 고려하려는 것을 서비스 스케이프(Servicescape)라고 한다.

서비스 스케이프(Servicescape)의 개념은 비트너(Bitner; 1992)에 의해 처음 제시되었으며, 이후 추상적, 무형적 개념의 서비스 품질을 보완하는 동시에, 서비스 품질로는 측정이 어려운 환경적, 물리적, 유형적 서비스를 체계적으로 평가측정하는 데 강점을 지닌 개념이라는 사실이 널리 알려지면서 점차 도입하는 호텔들이 증가하고 있다.

서비스 스케이프는 경치, 전망을 뜻하는 랜드 스케이프(Land scape), 바다 풍경을 의미하는 시 스케이프(Sea scape) 등과 마찬가지로 서비스(Service)와 스케이프(Scape)가 결합되어 만들어진 합성어로서, 서비스 접점 과정에서 제공되는 물리적 환경을 의미하는 용어로 주로 사용되었다.

서비스는 '무형성', '추상성'이라는 특성으로 인해, 직접 구매하고 경험하기 전까지는 내용이나 수준을 판단하기 어렵고, 전시되거나 진열되는 유형적 제품과는 달리 품질을 객관적으로 평가하는 것이 매우 어렵다. 이러한 불확실성을 줄이기 위해, 무형적 서비스를 파악하고 조사하는 데 활용할 수 있는 '유형적 단서'가 필요하게 되었는데,

비트너는 서비스 스케이프를 고객과 종업원 간의 서비스 접점 상황에서 인지적, 감정적, 생리적 반응을 불러일으키는 모든 환경 요소라고 지적하면서, 이는 고객과 종업원의 상호작용에도 중요한 영향을 미친다고 하였다.

서비스 스케이프는 서비스 기업의 이미지에 대한 고객들의 평가, 느낌, 반응 등을 촉진하는 다양한 시각적, 후각적, 청각적 자극들을 제공하는 동시에, 고유한 분위기 특성을 포함하여 조성된 시설 및 환경이라고 정의할 수 있다.

호텔에서 서비스 스케이프를 제공하기 위해서는 고객에게 서비스 제공 과정에서 건축, 환경, 분위기 등의 실체적, 물리적, 감각적 요소와 함께, 고객과 호텔, 고객과 서비스 종사원, 고객과 다른 고객들 간의 의사소통적 요소가 매우 중요하다.

서비스 스케이프에 영향을 주는 것은 호텔의 멋진 건축물, 청결하고 위생적인 분위기, 적절하고 합리적인 시설, 아름다운 실내 장식, 오감을 편안하고 상쾌하게 만드는 쾌적한 환경 등을 포함하여, 제품과 서비스를 보다 효과적으로 전달하기 위해 서비스 제공자에 의해 조성된 물리적, 인위적 환경 요소를 모두 포함한다. 특히 직원들의 열정, 공손함, 단정한 복장과 외모, 적절한 지원, 따뜻한 개인적 배려 등 서비스 제공 환경의 사회적 측면과 그에 대한 고객의 인상, 평가, 느낌 등을 서비스에 반영해야 한다.

6. 호캉스를 위한 호텔 선정 시 고려 사항

호캉스의 증가로 인한 여가·휴가 트렌드의 급격한 변화는 관광·여행업계 및 숙박업계에 새로운 기회이자 도전으로 간주되면서 관심이 집중되고 있다. 특히, 호캉스의 여행지가 호텔이므로 호텔은 비즈니스 수익과 산업적 가치를 창출할 수 있다는 측면에서 호텔들은 호캉스 시장에 발 빠르게 대응하고 있다.

현재 국내외적으로 호캉스의 수요자 및 이용자가 계속 증가하면서 관광·호텔업계의 새로운 블루 오션으로서 사회적, 산업적 가치가 계속 높아지고 있는 가운데 소비자의 만족을 극대화하여 차별화된 서비스를 제공하기 위해서는 고객의 호텔을 선정할 때 고려하는 사항에 대하여 대비를 해야 한다.

각종 통계 자료와 호텔 소비자에 대한 연구를 바탕으로 소비자가 호텔을 선정할 때 고려하는 사항은 다음과 같다.

1) 지각된 가치

지각된 가치는 개인 소비자들이 특정 호텔에서 호캉스를 보내는 기간 동안, 호텔이 제공하는 다양한 부가 서비스(객실 서비스, 식사 서비스, 데스크·안내 서비스, 스파·마사지 서비스 등) 및 호텔 내 각종 휴양·오락 시설 등을 이용하면서 정서적, 금전적, 서비스적, 사회적으로 높은 가치와 주관적, 긍정적 의미, 보람 등을 지각하고 즐거움, 행복감, 만족감을 느끼는 상태를 말한다. 결국 지각된 가치는 호텔에서 제공하는 각종 부가 서비스와 시설을 이용하면서 얻은 만족감이라고 할 수 있다. 따라서 호텔에서 호캉스를 지내려는 소비자를 유인하기 위해서는 호텔 소비자를 만족시킬만한 부가 서비스와 시설을 갖추어야 한다.

2) 라이프 스타일 유형

라이프 스타일은 개인이나 가족의 가치관 때문에 나타나는 다양한 생활 양식을 말한다. 라이프 스타일은 개인 소비자의 삶의 방식에 따른 정신적, 감정적 개성과 고유한 스타일을 말한다. 개인의 라이프 스타일은 보다 가시적이고, 구체적인 행동으로 반응하고 대응한다.

이처럼 라이프 스타일은 일상 생활과 의식주 유지를 위해 필요한 상품, 서비스 등을 구매·이용·소비하는 과정 및 날마다 반복되거나 새롭게 시도되는 다양한 행동, 심리·감정 표현, 의사 결정 과정 등에서 자연스럽게 발현되는 자신만의 고유한 스타일로 호텔 선택에 영양을 미친다.

최근에는 자신만의 내면적 가치, 타인이 아닌 '자기 자신'의 만족, 자기 주도적 활동 등을 특별히 중시하는 MZ 세대 소비자들 및 그에 준하는 젊은 소비자들의 문화·사회적, 산업적 영향력이 증대하고 있기 때문에 호텔에서는 호캉스를 원하는 소비자를 유인하기 위해서는 개인 소비자들의 독자적, 개성적인 라이프 스타일 유형에 맞추어 서비스를 제공해야 한다.

3) 고객 애착

개인 소비자들이 현재 방문·이용 중인 호텔에 대해 일반적인 비즈니스 관계 이상으로 정서적·감정적 유대감, 소속감, 친밀감 등을 뚜렷하게 지각하고, 이를 토대로 호텔 브랜드에 대한 열정적인 애호와 신뢰, 지속적·장기적인 감정 몰입을 견고하게 유지하는 상태를 고객 애책이라고 한다.

특정 기업이나 브랜드에 대한 열정적 애착과 정서적 몰입을 지닌 소비자들은 그렇지 않은 소비자들보다 훨씬 큰 규모의 지속적, 반복적인 소비를 함으로써, 해당 기업·브랜드의 비즈니스 성과 향상에 지대한 영향을 미친다, 이런 의미에서 고객 애착은 모든 기업·브랜드의 궁극적 목표인 고객 충성도를 촉진·심화하는 필수 조건이자 고객 충성도를 안정적으로 지속시키는 내면적 동력이 되기 때문에 고객의 애착을 받기 위한 호텔 브랜드의 제고에 노력해야 한다.

4) 이용 만족도

개인 소비자들이 호텔을 방문하여 호캉스 서비스를 이용하는 과정에서, 호텔이 제공하는 다양한 전문 서비스와 쾌적한 부대 시설 등을 충분히 경험·향유한 후 지니게 되는 감정적·정서적 만족감, 애초의 기대를 충족시킨 데에서 비롯되는 즐거움 등을 이용 만족도라고 한다.

따라서 호텔의 호캉스 서비스에 대한 재구매·반복 구매, 호텔 재방문·재이용, 주변 지인들에 대한 구전·추천 의도 등 능동적, 적극적인 행동과 긍정적 의도를 이끌어 낼 수 있도록 소비자의 이용 만족도를 높이는 서비스를 제공해야 하며, 그에 대한 전략을 수립해야 한다.

워커힐 호텔앤리조트

제3장
만족도가 높은 호텔로 가볼까?

1. 소비자들이 강력 추천하는 호텔

2022년 현재 우리나라에 운영하고 있는 호텔 중 5성급 57개, 4성급 96개, 3성급 156개, 2성급 229개, 1성급 100개로 총 638개가 운영되고 있으며, 그중에서 서울에만 호텔 수의 절반이 넘는 330개의 호텔이 운영 중에 있다.

이 중에서 호캉스를 즐기기에 적합한 호텔은 5성급과 4성급 정도가 적당한데 현재 서울에는 5성급 호텔은 총 29개에 10,70개의 객실이 있으며, 4성급 호텔은 37개로 10,510개의 객실이 있다.

호캉스를 떠나기 위해서 가장 고려해야 할 것은 어느 호텔로 가느냐가 가장 주요할 것이다. 호텔을 선택하는 데 있어서 고려할 사항은 호텔에서 호캉스를 보내는 기간 동안, 호텔이 제공하는 다양한 부가 서비스(객실 서비스, 식사 서비스, 데스크·안내 서비스, 스파·마사지 서비스 등) 및 호텔 내 각종 휴양·오락 시설 등을 이용하면서 정서적, 금전적, 서비스적, 사회적으로 높은 가치와 주관적, 긍정적 의미, 보람 등을 지각하는 즐거움, 행복감, 만족감 등이다.

국내 호텔 컨설팅의 대표 기업인 인피니티 컨설팅에서는 서울 안에 있는 호텔들 중에서 소비자들의 호캉스 사용 후기 중에서 즐거움, 행복감, 만족감을 종합해서 다음과 같은 호텔들을 호캉스에 적합한 호텔들로 추천하고 있다.

〈표 3-1〉 호캉스로 만족도가 높은 호텔

구분	호텔	주소
5성급	그랜드 워커힐 서울	서울특별시 광진구 워커힐로 177
	비스타 워커힐 서울	서울특별시 광진구 워커힐로 177
	더 플라자 서울	서울특별시 중구 소공로 119

	그랜드 인터컨티넨탈 서울 파르나스	서울특별시 강남구 테헤란로 521
	인터컨티넨탈 서울 코엑스	서울특별시 강남구 봉은사로 524
	반얀트리 클럽 앤 스파	서울특별시 중구 장충동 2가 산5-
	노보텔 앰배서더 서울 용산	서울특별시 용산구 청파로20길 95
	노보텔 스위트 앰배서더 서울 용산	서울특별시 용산구 청파로20길 95
	그랜드 머큐어 앰배서더 호텔 앤 레지던스	서울특별시 용산구 청파로20길 95
4성급	이비스 스타일 앰배서더 서울 용산	서울특별시 용산구 청파로20길 95

출처 : 호텔업등급관리국 2022년 자료

2. 그랜드 워커힐 서울

워커힐 호텔앤리조트는 1963년에 워커힐호텔로 개관했고, 개관 초기에는 국제관광공사에서 운영하다가 1973년에 선경그룹이 인수하여 민영화된 후 현재에 이르고 있다. 1977년에 쉐라톤과 프랜차이즈 계약을 맺고 1978년부터 쉐라톤 워커힐이라는 호텔명으로 영업해 왔으나, 2017년 1월 1일부터 '워커힐 호텔앤리조트'로 독자적으로 운영을 시작하였으며, 쉐라톤 그랜드 워커힐은 '그랜드 워커힐 서울'로, W 서울 워커힐은 '비스타 워커힐 서울'로 명칭이 바뀌고 독자적인 브랜드를 운영하기 시작하였다.

그랜드 워커힐 서울은 아차산 자락에 위치하고 있고 한강 조망권을 갖추고 있다. 2호선 강변역과 5호선 광나루역에서 셔틀버스를 운행하고 있으며, 약 10분 이내로 호텔에 도착할 수 있다. 호텔에서 차로 약 15분이면 올림픽 공원, 약 20분이면 롯데월드까지 갈 수 있다.

  그랜드 워커힐 서울 호텔 내에는 한강 전망의 야외 수영장, 놀이 공간 '포레스트 파크', 독서와 커피를 즐길 수 있는 '워커힐 라이브러리', 피트니스 센터 등이 갖춰져 있다. 그리고 호텔 내에는 한식당 '온달', 중식당 '금룡', 뷔페 레스토랑 '더 뷔페'에서는 국내에서 유명한 셰프들에 의해서 정성스러운 음식을 제공하여, 고객은 다양한 미식 경험을 할 수 있다. 또한, 로비 라운지에는 화려하면서도 서비스가 좋은 '더파빌리온'과 최상급 델리와 와인을 판매하는 고메 스토어 '르 파사쥬'도 있다.

  각 객실에서는 아차산 또는 한강 전망을 감상할 수 있으며, 특히 한강을 볼 수 있는 객실은 한강이 마치 개인에게만 주어지는 환상적인 풍경처럼 낮에는 낮대로 장관을 선사하고, 밤이면 밤마다 환상적인 분위기를 제공해준다.

수영장

더 뷔페

로비

객실

그랜드 워커힐 서울은 서울에 있는 호텔 중에서 호캉스로 만족도가 가장 높아 재방문 의사도 가장 높은 호텔이다. 그랜드 워커힐 서울의 가장 큰 장점은 멋지게 펼쳐진 한강을 볼 수 있고 봄엔 벚꽃 가을엔 단풍으로 물든 멋진 숲을 가지고 있어 산책하기 좋으며, 숲길을 걷다 보면 사회생활에서 지친 심신을 힐링시켜 준다. 그리고 실내에도 커다란 수영장이 있어서 좋지만, 야외에도 커다란 수영장이 있어서 번잡하지 않게 휴식을 즐길 수 있다. 그랜드 워커힐 서울의 로비와 레스토랑과 객실들은 현대적인 감각으로 세련미와 함께 화려함으로 고객들에게 새로운 기쁨을 선사해 준다. 또한 친절하며 세련된 직원들이 따뜻하게 맞아주며, 호텔 내의 식당에서 준비한 맛있는 음식까지 완벽한 호텔로 호캉스를 지내기에 부족함이 없는 호텔이다.

워커힐 호텔앤리조트에서 운영하는 워커힐 프레스티지 클럽 '오크'상품에 가입하면 그랜드 호텔이나 비스타 호텔의 딜럭스 룸 중 1박권 2장, 디럭스 룸(그랜드) 선택 시 포레스트 파크 2인 이용권(입장 only) 1매가 제공되는 숙박형과 식음료 10만 원 이용권 4장, 워커힐 HMR 상품 교환권 등의 혜택이 주어지는 식음형 그리고 딜럭스 룸(그랜드) 숙박권(1박) 1장, 식음료 10만원 이용권 2장이 제공되는 혼합형 중에서 선택(택1)이 가능하다.

3. 비스타 워커힐 서울

 워커힐 호텔앤리조트에서는 2017년 1월 1일부로 W 서울 워커힐을 비스타 워커힐 서울로 명칭이 바뀌고 독자적인 브랜드를 운영하기 시작하였다. 비스타 워커힐 서울은 2호선 강변역과 5호선 광나루역에서 셔틀버스를 운행하고 있다. 호텔에서 차로 15분이면 롯데월드까지 갈 수 있으며 올림픽공원은 차로 20분 정도 소요된다.

 비스타 워커힐 서울의 객실수는 총 244개이며, 호텔 내에는 실내외 수영장, 야외 온천수 사우나, 스파, 피트니스센터와 같은 즐길 거리가 많다. 또한, 루프탑 가든 '스카이야드', 놀이 공간 '포레스트 파크', 조킹 코스, 테니스 코트, 연회장, 미술 작품을 전시하고 판매하는 '프린트베이커리', 이 밖에도 독서와 커피를 즐길 수 있는 워커힐 라이브러리가 갖춰져 있다. 비스타 워커힐 서울은 활력 넘치는 서울의 전경과 드넓게 펼쳐진 자연은 바라만 봐도 마음의 생기를 되찾아 주게 한다.

비스타 워커힐 서울 호텔에 들어서면 곳곳에 흐르는 다채로운 비트와 뮤직 프로그램들은 마음을 상쾌하게 환기시켜 준다. 비스타 워커힐 서울의 객실은 한강이 한눈에 내려다 보이는 아차산 위에 구름처럼 자리하고 있으며, 최신식 디자인을 적용하였으며, 호텔의 모든 시설과 객실은 세련된 인테리어와 고급스러운 가구로 치장하여 고객에게 귀족이 된 것과 같은 고급스러운 만족감을 준다.

수영장

레스토랑

로비

객실

일부 객실은 발코니 또는 테라스를 포함한 특별한 객실 구성을 가지고 있으며, 모든 객실에서는 아름다운 아차산 또는 수려한 한강의 전망으로 볼 수 있게 되어 있다. 반려동물 동반 투숙이 가능한 객실도 마련되어 있으며, 반려동물을 위한 전용 용품도 대여해 준다.

이탈리안 레스토랑 '델비노(Del Vino)', 정통 일식 레스토랑 '모에기(Moegi)', 프리미엄 소셜 라운지 '리바(Re:BAR)', 이탈리안 피자가 유명한 '피자힐', 최상급 한우를 선보이는 '명월관' 등에서 다양한 미식 경험을 할 수 있다.

워커힐 호텔앤리조트에서 운영하는 워커힐 프레스티지 클럽 '오크'상품에 가입하면 비스타 호텔이나 그랜드 호텔의 딜럭스 룸 중 1박권 2매가 제공되는 숙박형과 식음료 10만원 이용권 4장, 워커힐 HMR 상품 교환권 등의 혜택이 주어지는 식음형 그리고 딜럭스 룸(비스타) 숙박권(1박) 1장, 식음료 10만원 이용권 2장이 제공되는 혼합형 중에서 선택(택1)이 가능하다.

4. 더 플라자 서울

서울의 중심에 자리한 부티크형 호텔 더 플라자 서울, 오토그래프 컬렉션은 1,
2호선 시청역 6번 출구에서 도보로 약 2분, 2호선 을지로입구역 8번 출구에서 도보
로 7분 거리에 있다. 주변 명소인 서울광장과 덕수궁이 호텔 바로 건너편에 있으며,
청계천까지는 걸어서 15분, 삼청동까지는 차로 약 8분이 소요된다.

이 호텔에는 세계적인 디자이너 귀도 치옴피가 인테리어한 그랜드 볼룸을 포함해
8개 종류의 특색있는 연회장이 마련되어 있다. 4인에서 최대 18인까지 수용 가능한
회의실도 갖춰져 있어 편리하게 비즈니스 업무를 볼 수 있다.

별관 15층에 위치한 더벨 스파에서는 개별화된 서비스를 즐길 수 있다. 별관 15
층~18층에 위치한 더 플라자휘트니스클럽에는 자연 채광의 수영장과 에어로빅 스
튜디오, 대형 체련장, 골프 연습장 등 다양한 시설이 마련되어 있다. 이외에도 라운
지 카페, 플라워샵, 기프트 샵이 있다. 별도로 24시간 룸서비스, 발렛파킹, 컨시어지
서비스도 제공된다.

　현대적인 인테리어의 객실에는 무료 초고속 인터넷, LCD TV, 조명 및 커튼 전자동 시스템, RFID 도어락 시스템, 전자동 비데와 최상급 침구 용품, 객실 금고, 욕실가운, 슬리퍼, 냉장고, 어댑터, 헤어드라이어 등이 갖춰져 있다. 호텔 내에의 식사는 뷔페 레스토랑 '세븐 스퀘어', 중식당 '도원', '주옥' 등을 을 비롯한 6개의 다양한 레스토랑&바, 베이커리를 이용할 수 있다.

수영장

객실

세븐 스퀘어

바

　체크인은 1층 로비와 5층 클럽 라운지에서 체크인이 가능하며 룸 타입에 따라서 디럭스 룸은 1층에서 클럽라운지 이용 객실은 5층에서 체크인이 가능하다. 더 플라자 호텔의 객실 유티크하고 스타일리시한 인테리어가 포인트다. 한차례 리뉴얼을 통해 러블리한 분위기로 바뀌었으며, 공간은 살짝 좁지만, 핑크빛의 몽환적인 분위기에 양쪽 거울이 있어 특히 여성들에게 인기가 있다. 창문으로 서울 시청과 광장이 한눈에 보인다.

더 플라자 호텔에서의 호캉스를 할 때 가장 좋은 점은 바로 서울 시청이 있는 서울의 중심가에서 여유있게 호캉스를 즐길 수 있다는 것이다. 더 플라자 호텔은 서울의 중심지에 있는 휴양지와 같아서 가장 번잡한 서울의 중심지에서 모든 것을 뒤로 하고, 호텔에서 휴식을 즐길 수 있다는 것은 상상만해도 즐거운 일이며, 자동적으로 힐링이 된다.

특히 더 플라자 호텔의 직원들은 특별한 친절 교육을 받아서, 고객이 편안하게 휴식을 취할 수 있도록 세심한 배려로 고객을 감동하게 한다. 직원들의 친절은 호캉스를 더욱 행복하게 만들어준다. 그리고 뷔페 레스토랑 세븐 스퀘어는 다른 특급 호텔에서 하고 있는 품목만 다양한 메뉴가 아니라 정말 맛있는 요리만 선별하여 최고의 셰프들에 의하여 최고급의 신선한 재료만을 사용하였기 때문에 뷔페 이용자들의 만족감이 매우 높은 곳이다. 사랑하는 가족과 좋은 친구와 함께 맛있는 음식을 즐긴다는 것은 인생에서 또 하나의 행복을 경험하게 해준다.

더 플라자 호텔에서 운영하는 플래티넘 멤버십의 '플래티넘' 상품을 활용하면 호텔 디럭스 룸 무료 숙박권 1매, 뷔페 2인 식사권 1매, 5만원 이용권 2매 중 2가지를 선택할 수 있으며 추가로 더라운지 음료 2인 이용권 1매, 레스토랑 2인 코스 메뉴(뷔페 포함) 50% 할인권 1매, 객실 우대권 1매 등의 혜택이 주어진다.

5. 그랜드 인터컨티넨탈 서울 파르나스

서울 테헤란로의 중심에 위치한 그랜드 인터컨티넨탈 서울 파르나스는 스타필드 코엑스몰, 파르나스 몰, 백화점, 한국종합무역센터, 코엑스 컨벤션 센터, 공항 터미널 등과 연결되어 쇼핑과 엔터테인먼트는 물론 전 세계 비즈니스 여행객 모두에게 30년의 호텔 경영 노하우와 경험을 기반으로 한 최적화된 서비스와 시설을 제공하고 있다.

그랜드 인터컨티넨탈 서울 파르나스는 총 550개의 객실을 보유하고 있는 대규모의 특급호텔이다. 호텔이 건축되어 20년이 지나 호텔의 외관 및 전 객실을 리모델하여 한국의 전통적인 아름다움을 현대적으로 재해석하였다.

그랜드 인터컨티넨탈 서울 파르나스에서는 전통적인 아름다움으로 디자인된 객실을 만나볼 수 있으며 탁 트인 통창으로 강남의 환상적인 전경을 한 자리에서 감상할 수 있다.

34층 최고 층에 위치한 클럽 인터컨티넨탈은 프라이빗 라운지로서 섬세하고 정교한 서비스를 제공한다. 30년의 역사를 자랑하는 오성급 호텔로 서울을 대표하는 럭셔리 호텔이라고 해도 과언이 아니다. 다만 역사가 오래된 곳이라 대대적인 리모델링을 거쳐 객실 컨디션 역시 새 호텔 같은 만족도를 준다. 객실은 탁 트인 개방적인 공간감이 느껴지며, 전체적으로 화사하고 깔끔한 고급진 이미지를 준다. 창문 밖에는 무역센터와 테헤란로가 내려다보이는 시티뷰를 제공한다.

수영장

레스토랑

로비

객실

5성급 호텔 중 최대 규모와 최신 시설을 갖춘 그랜드 볼룸 및 7개 연회장에서 고품격 프라이빗 웨딩, 가족 모임은 물론 중소 규모의 회의와 대규모 컨벤션까지 다목적 행사를 진행할 수 있다. 또한, 세계적인 레스토랑 어워드를 수상한 정통 일식부터 중식까지 5개의 레스토랑에서 세계의 다양한 맛을 각 분야별 수석 셰프들의 노하우와 엄선된 식재료로 탄생한 맛과 서비스를 만나볼 수 있다.

직원의 친절도는 서울 유수의 5성급 호텔들 중에서도 가히 최고라고 할 수 있다. 그랜드 인터컨티넨탈 서울 파르나스의 가장 큰 장점은 클럽룸은 34층에서 소파에 앉아서 따로 체크인 할 수 있어 매우 편리하다.

그랜드 인터컨티넨탈 서울 파르나스에서 운영하는 아이초이스 멤버십 '스마트' 상품을 가입하게 되면 '클래식 룸' 무료 숙박권 1매(그랜드 인터컨티넨탈 서울 파르나스 또는 인터컨티넨탈 서울 코엑스), 객실 우대요금(BFR) 40% 할인권 3매, 레스토랑 5만원 이용권 2매, 주중 뷔페 1인 이용권 1매, 커피 2잔 이용권 1매, 하우스 와인 교환권 1매가 제공되며, 레이트 체크아웃이 가능하며, 이외에도 다양한 특별 서비스가 제공된다.

6. 인터컨티넨탈 서울 코엑스

인터컨티넨탈 서울 코엑스 호텔은 9호선 봉은사역 7번 출구에서 도보 5분 거리에 있다. 호텔과 코엑스몰, 현대백화점 무역센터점이 연결되어 있어 쇼핑을 즐기기 편리하다. 또한, 차로 15분이면 롯데월드까지 갈 수 있다.

인터컨티넨탈 서울 코엑스 호텔에는 피트니스센터, 실내 수영장, 골프장, 사우나, 스파 등 다양한 즐길 거리가 있다. 클럽 인터컨티넨탈 139개 객실을 포함하여 전체 656개 객실이 있으며 객실에 따라 한강, 선릉, 봉은사 전망 등을 감상할 수 있다. 인터컨티넨탈 서울 코엑스 호텔의 외관은 모던하고 웅장하게 디자인되어 있으며, 세련된 인테리어의 객실 내부에는 평면 LCD TV, 금고 등이 있으며 욕실에는 욕실 용품이 구비되어 있다.

올데이 다이닝 레스토랑인 '브래서리', 아름다운 야경을 자랑하는 30층에 자리한 '스카이라운지', 아시안 요리를 선보이는 '아시안 라이브'가 있으며, 로비에는 라운지 와 바가 마련되어 있다.

  인터컨티넨탈 서울 코엑스 호텔의 객실은 전반적으로 깨끗하게 잘 관리되어 있고 클래식한 분위기를 준다. 특히 객실 침대 벽면에는 수묵화 같은 분위기의 그림과 함께 넓은 창문으로 내려다보는 뷰는 봉은사 뷰로 도심 속에서 즐기는 캠핑 분위기를 즐기기 좋다. 고급스러운 분위기, 은은한 조명에 큰 거울이 있는 욕실 겸 화장실이 있다. 그리고 세면대, 샤워실, 욕조까지 따로 구비되어 있는데 입구 바로 옆에 있는 곳도 같은 구성이라서 편리하게 사용할 수 있다.

객실 레스토랑

로비 수영장

  인터컨티넨탈 서울 코엑스 호텔의 객실 안에 비치되어 있는 어메니티는 고급 브랜드인 록시땅 제품들로 구비되어 있었으며, 구강세정제, 배쓰쏠트까지 모든 것이 구비되어 있어 편리하게 사용할 수 있다. 인터컨티넨탈 서울 코엑스 호텔에서 호캉스를 보내게 되면 가장 큰 장점은 클럽 객실 이용객은 사우나 포함 피트니스 무료 이용이며, 객실 미니바는 유료로 이용이 가능하다.

인터컨티넨탈 서울 코엑스에서 운영하는 아이초이스 멤버십 '스마트'상품을 가입하게 되면 '클래식 룸' 무료 숙박권 1매(그랜드 인터컨티넨탈 서울 파르나스 또는 인터컨티넨탈 서울 코엑스), 객실 우대요금(BFR) 40% 할인권 3매, 레스토랑 5만원 이용권 2매, 주중 뷔페 1인 이용권 1매, 커피 2잔 이용권 1매, 하우스 와인 교환권 1매가 제공되며, 레이트 체크아웃이 가능하며, 이외에도 다양한 특별 서비스가 제공된다.

7. 반얀트리 클럽 앤 스파

반얀트리 클럽 앤 스파 서울은 다양한 수상경력을 자랑하는 반얀트리 호텔 앤 리조트 그룹의 첫 번째 도심형 리조트이며, 6호선 버티고개역 1번 출구에서 도보로 약 15분이면 갈 수 있다. 주변 명소인 동대문디자인플라자는 차로 약 8분 거리에 있으며, 남산타워와 명동 거리는 차로 약 17분 이내에 있다.

반얀트리 클럽 앤 스파 서울은 총 50개의 적은 객실을 가지고 있지만 실내외 수영장, 피트니스센터, 골프 아카데미, 뷰티 살롱, 키즈 클럽, 스파 등 다양한 즐길 거리가 마련되어 있다.

일부 객실에는 프라이빗 풀이 마련되어 있어 휴식을 취할 수 있다. 야외 레스토랑 및 바 뿐 아니라, 실내에는 올 데이 다이닝 레스토랑, 한식당, 유러피안 레스토랑 등이 갖춰져 있다.

반얀트리 클럽 앤 스파 서울은 남산의 한 가운데 있어서 어디를 보아도 남산이 보여 도심 속의 산속에 있는 기분을 준다. 객실이 50개로 매우 적기 때문에 로비도 작지만, 고객을 기다리지 않게 편안하게 모시려는 배려가 있다.

수영장

레스토랑

로비

객실

반얀트리 클럽 앤 스파 서울은 룸타입은 호텔룸, 클럽룸 두 가지가 있으며, 클럽룸은 방안에 풀이 없지만 호텔룸은 방안에 개인 풀이 있어서 호캉스 고객들에게 인기가 많다. 마치 풀빌라에 여행 온 것처럼 객실 안에서 수영을 즐 길 수 있다는 것은 매우 행복한 시간을 만들어 준다.

객실에는 세면대가 2개여서 사용하기 편리하게 되어 있으며, 구비되어 있는 어메니티 향이 너무 좋아 향기로 치유하는 효과를 준다. 욕조에는 거품 발생기가 있어서 욕조에 누워있으면 맛사지를 받는 효과를 누릴 수 있어 피로가 풀린다.

객실에는 특이하게 맛있는 웰컴 쿠키가 준비되어 있어 입이 심심할 때 먹으면 좋다. 그리고 객실마다 커피 머신이 있어서 원하는 취향대로 원두 커피를 마실 수 있어, 마치 카페를 객실에 만들어 놓은 것 같다. 준비되어 있는 커피잔과 와인잔에 커피와 와인을 넣어 창밖에 보이는 남산의 경치를 보다 보면 세상의 모든 시름을 잃어버릴 수 있다.

반얀트리 클럽 앤 스파 서울에서 운영하는 비트윈 멤버십 '오렌지' 상품을 가입하면 그란넘 다이닝 라운지 주중 2인 무료 이용권 1매 또는 스파 바디마사지 60분 1인 무료이용권 1매 중 1가지 선택 이용 가능하며, 객실 60% 할인권 1매, 5만원 식사권 1매 , 레스토랑 2인 식사 50% 할인권 1매, 레스토랑 6인 이하 식사 30% 할인권 1매, 오아시스 풀사이드 바비큐 4인 이하 50% 할인권 1매, 문바 "위스키 세트(문 세트)" 또는 "삼페인 세트" 30% 할인권 1매, 문바 "쁘띠이비자 세트" 주중 20% 할인권 1매(여름 시즌 한정), 주중 스파 바디 마사지 할인권, 명동 뱅커스 클럽 주중 3만원 식사권 1매 등 다양한 혜택이 주어진다.

8. 노보텔 앰배서더 서울 용산

　노보텔 앰배서더 서울 용산은 서울드래곤시티 건물에 있다. 서울드래곤시티 건물 안에는 노보텔 앰배서더 용산 외에도 5성급의 그랜드 머큐어 호텔, 노보텔 스위트 앰배서더 서울 용산과 4성급의 이비스 스타일 앰배서더 서울 용산 호텔이 있다. 용산역 3번 출구에서 호텔까지 바로 연결되며, 서울 중심부에 자리하고 있어 차로 5분이면 전쟁기념관, 10분이면 숭례문과 여의도까지 갈 수 있다.

　노보텔 앰배서더 서울 용산은 40층 높이로 되어 있으며, 한강과 남산을 조망할 수 있는 현대적 감성의 621개 객실은 여유로운 공간으로 구성되어 있다. 호텔에는 다양한 최신식 운동 기구가 갖춰진 피트니스센터와 각기 다른 규모의 미팅룸이 있다. 전 세계의 다양한 푸드 마켓을 현대적으로 재해석한 프리미엄 올데이 다이닝인 '푸드 익스체인지'에서는 신선한 요리와 홈 스타일 디저트를 맛볼 수 있다.

26층 고층에 있는 'The 26 브라세리'에서는 남산 전망을 바라보며 동서양의 음식을 경험할 수 있다. 노보텔 카페라운지 '메가바이트'는 커피, 샌드위치, 햄버거, 핑거푸드 등 간단한 식사를 할 수도 있고 주류도 있는 로비라운지&바 이다.

수영장

레스토랑

로비

객실

노보텔 앰배서더 서울 용산 호텔의 수페리어룸은 객실 넓이가 30㎡로 한층 여유롭고 쾌적하며, 더블베드와 트윈 베드로 선택이 가능하며 최상의 안락함과 품격있는 서비스를 제공해준다. 더욱이 객실에서는 아름다운 한강과 남산을 비롯한 도심의 전망을 감상할 수 있다.

디럭스룸에서는 모던한 인테리어를 바탕으로 집에서 머무는 듯한 편안함과 안락함을 제공하며, 이그제큐티브룸에서는 수준 높은 서비스로 품위있는 시간을 고객에게 제공해준다.

노보텔 앰배서더 서울 용산 호텔에서 운영하는 서울드래곤시티 SDC 멤버십 '그린'상품을 가입하면 이비스 스타일 숙박권 1매와 객실 할인권 3매, 노보텔 호텔 객실 할인권 2매, 이비스 스타일 2인 조식 식사권 2매, 레스토랑 5만원 금액권 3매, 와인 교환권 1매 등의 혜택이 주어지며, 이외에도 고객의 만족감을 높여주는 특별한 서비스를 제공받을 수 있다.

9. 노보텔 스위트 앰배서더 서울 용산

노보텔 스위트 앰배서더 서울 용산은 노보텔 앰배서더 서울 용산과 같이 서울드래곤시티 건물에 있다. 서울드래곤시티 건물 안에는 노보텔 스위트 엠베서더 용산 외에도 5성급의 그랜드 머큐어 호텔, 노보텔 앰배서더 서울 용산과 4성급의 이비스 스타일 엠배서더 서울 용산 호텔이 있다. 용산역 3번 출구에서 호텔까지 바로 연결되며, 서울 중심부에 자리하고 있어 차로 5분이면 전쟁기념관, 10분이면 숭례문과 여의도까지 갈 수 있다.

노보텔 스위트 앰배서더 서울 용산은 용산역(1호선, 경의중앙선, KTX, ITX) 3번 출구에서 도보로 약 3분이면 도착한다. 주변 관광지로는 용산 전쟁기념관이 차로 약 10분, 이태원과 명동이 차로 약 15분가량 소요되는 등 서울 관광 명소에 손쉽게 접근할 수 있는 편리한 위치를 자랑한다.

노보텔 스위트 앰배서더 서울 용산과 노보텔 앰배서더 서울 용산 호텔의 가장 큰 차이는 객실 안에 주방 공간이 있어 장기 투숙자를 위해 편리함을 제공하고 있다. 노보텔 앰배서더 서울 용산은 로비가 있는 1층에서 체크인을 하지만, 노보텔 스위트 앰배서더 서울 용산은 26층에서 체크인을 한다. 노보텔 앰배서더 용산의 객실은 5~24층까지 있으며, 26층 이상은 스위트 호텔 객실로 구성되어 있다.

수영장과 레스토랑 그리고 부대시설은 모두 같이 공용으로 이용한다.

수영장   레스토랑

주방   객실

노보텔 스위트 앰배서더 서울 용산 호텔에서 운영하는 서울드래곤시티 SDC 멤버십 '그린'상품을 가입하면 이비스 스타일 숙박권 1매와 객실 할인권 3매, 노보텔 호텔 객실 할인권 2매, 이비스 스타일 2인 조식 식사권 2매, 레스토랑 5만원 금액권 3매, 와인 교환권 1매 등의 혜택이 주어지며, 이외에도 고객의 만족감을 높여주는 특별한 서비스를 제공받을 수 있다.

10. 이비스 스타일 엠배서더 서울 용산

　　이비스 스타일 엠배서더 서울 용산 호텔은 노보텔 스위트 앰배서더 서울 용산 호텔과 노보텔 앰배서더 서울 용산 호텔과 같이 서울드래곤시티 건물에 있다. 서울 드래곤시티 건물 안에는 5성급인 노보텔 앰배서더 서울 용산, 노보텔 스위트 엠베서더 용산, 그랜드 머큐어 호텔과 같이 있으며, 유일하게 4성급 호텔이다. 용산역 3번 출구에서 호텔까지 바로 연결되며, 서울 중심부에 자리하고 있어 차로 5분이면 전쟁기념관, 10분이면 숭례문과 여의도까지 갈 수 있다.

　　노보텔 스위트 앰배서더 서울 용산은 용산역(1호선, 경의중앙선, KTX, ITX) 3번 출구에서 도보로 약 3분이면 도착한다. 주변 관광지로는 용산 전쟁기념관이 차로 약 10분, 이태원과 명동이 차로 약 15분가량 소요되는 등 서울 관광 명소에 손쉽게 접근할 수 있는 편리한 위치를 자랑한다.

이비스 스타일 엠배서더 서울 용산 호텔에는 총 591개의 감각적이고 개성 있는 객실이 마련되어 있다. 다채로운 색상이 사용된 네 종류의 테마룸으로 구성되어 있어 객실에 따라 색다른 분위기를 느낄 수 있다.

호텔 7층에 위치한 다채롭고 다이나믹한 분위기의 캐주얼 올데이 다이닝 '인 스타일(In Style)'에서는 한식부터 양식까지 다양한 요리를 즐길 수 있다.

라운지

레스토랑

로비

객실

이비스 스타일 엠배서더 서울 용산 호텔에서 운영하는 서울드래곤시티 SDC 멤버십 '그린' 상품을 가입하면 이비스 스타일 숙박권 1매와 객실 할인권 3매, 노보텔 호텔 객실 할인권 2매, 이비스 스타일 2인 조식 식사권 2매, 레스토랑 5만원 금액권 3매, 와인 교환권 1매 등의 혜택이 주어지며, 이외에도 고객의 만족감을 높여주는 특별한 서비스를 제공받을 수 있다.

11. 그랜드 머큐어 앰배서더 호텔 앤 레지던스

용의 모양을 형상화한 서울 드래곤 시티 호텔 중 하나인 그랜드 머큐어 앰배서더 호텔 앤 레지던스 서울 용산은 1호선과 중앙선이 지나는 용산역 3번 출구에서 도보 3분 거리에 있다. 주변 관광지로는 이태원과 명동이 차로 15분 거리에 있으며 국립 중앙박물관과 여의도가 차로 10분 거리에 있다.

그랜드 머큐어 앰배서더 호텔 앤 레지던스 서울 용산은 국내에 처음으로 선보이는 하이엔드 서비스드 레지던스 호텔이다. 호텔 내 시설 곳곳에 한국의 전통 문양이 모티브로 녹아 있어 다른 곳에서는 경험하지 못했던 특별한 환대를 느낄 수 있다.

전체 202개의 객실이 마련되어 있으며, 호텔 1층에 위치한 알라메종에서는 고급 티, 와인, 핑거 푸드 등을 즐길 수 있다. 또한, 객실에 주방과 실내 세탁기 등이 구비되어 있어 편리하게 이용할 수 있다.

　　그랜드 머큐어 앰배서더 호텔 앤 레지던스 서울 용산은 특히 환상적인 서울의 야경을 감상할 수 있는 202개의 객실과 장기 투숙객을 위한 완벽한 주방시설을 갖추고 있으며, 프렌치 모던 레스토랑 알라메종 와인 앤 다인, 이그제큐티브 라운지, 실내 골프장, 최고급 사우나와 피트니스 센터도 갖추고 있다.

　　최상의 서비스에 한국 고유의 전통으로 스토리를 더하는 그랜드 머큐어 앰배서더 호텔 앤 레지던스 서울 용산은 문화적 가교 역할을 수행하고 있으며, 새로운 한국을 발견하고 느끼기에 가장 이상적인 곳이다.

수영장	레스토랑
로비	객실

　　그랜드 머큐어 앰배서더 호텔 앤 레지던스에서 운영하는 서울드래곤시티 SDC 멤버십 '그린'상품을 가입하면 이비스 스타일 숙박권 1매와 객실 할인권 3매, 노보텔 호텔 객실 할인권 2매, 이비스 스타일 2인 조식 식사권 2매, 레스토랑 5만원 금액권 3매, 와인 교환권 1매 등의 혜택이 주어지며, 이외에도 고객의 만족감을 높여주는 특별한 서비스를 제공받을 수 있다.

제4장
활기가 넘치는
중구로 가볼까?

1. 중구의 특징

중구는 서울의 심장부로서 경제, 문화, 언론 및 유통의 중추 기능이 집중되어 있고 퇴계로, 을지로, 청계천로, 남대문로, 왕십리길 등의 간선도로가 관통하면서 지하철 1~6호선이 통과하는 교통의 요충지로 주·야간 활동 인구가 가장 많은 지역이다.

620년 역사 도시답게 재래식 가옥과 현대식 고층 빌딩이 혼재하는 독특한 매력이 있으나 도시의 기반시설이 점차 노후되어 도심 재개발사업 등 지속적인 정비사업이 추진되고 있다. 신당동 및 중림동 일대는 주택재개발사업이 완료되면서 아파트지구가 형성되었다.

또한 남대문 중부 평화시장 등 대형 전통시장과 롯데 신세계 등 대형백화점 및 명동 충무로의 현대식 쇼핑가, 대형 쇼핑몰인 두산타워 밀리오레 등 신·구 유통시장이 복합적으로 형성되어 서울의 대표적인 상업지역으로 발전하였다.

소공동 북창동 등 중구의 핵심지대는 대기업, 은행본점 등의 중추 관리기능이 밀집됨으로서 중심 업무 지구의 특성을 나타내고 있고 핵심지역의 외곽도 보험 및 증권회사 등 전문 서비스 지구를 형성하고 있으며 도서 출판과 보도 기능과 같은 서비스 기능도 입지하고 있다. 이와 같이 중구의 중심 지대에는 중추 관리기능이, 간선도로변에는 도심성 소매 활동이 간선도로 후면에는 서비스 활동이 을지로와 청계천에는 기계, 기구, 부속품 등의 판매지역이 서로 연계하여 분포되어 있다.

한편 명동 남산 남대문시장 동대문 패션타운 등 관광 명소가 많아 서울방문 외래 관광객의 81%가 찾는 우리나라 대표 관광지로 자리매김하고 있고 이에 따른 숙박문제 해결을 위해 관광호텔 신설이 활발하게 진행되고 있다.

중구에는 관광객과 야간 이동객이 가장 많아서 호텔이 한국에서 가장 많이 자리잡고 있다. 중구의 호텔은 102개로 18,367개의 객실을 보유하고 있다. 호캉스를 즐기기 좋은 5성급 호텔인 더 플라자 서울, 웨스틴 조선 서울, 밀레니엄 힐튼 서울,

노보텔 앰배서더 서울 동대문, (주)호텔 신라, 롯데 호텔 서울 등 6개가 있으며,
4성급은 레스케이프 호텔, 프레이저플레이스 센트럴 서울, 알로프트서울명동호텔,
포포인츠 바이 쉐라톤 조선 서울 명동, 롯데 시티 호텔 명동, 티마크 그랜드 호텔
명동, 코트야드 메리어트 서울 남대문, 소테츠호텔즈 더 스프라지르, L7 호텔 명
동, 소테츠호텔즈 더 스프라지르 서울 동대문, 호텔 PJ, 퍼시픽 호텔, 로얄 호텔
서울, 프레지던트 호텔, 코리아나 호텔, 세종 호텔, 나인트리 프리미어호텔 명동
2 등 17개가 있으며, 3성급으로는 호텔토마스명동, 호텔 미드시티 명동, 트레블로
지 명동 시티홀 호텔, 더 그랜드 호텔 명동, 호텔 28, 트레블로지 동대문 호텔,
솔라리아 니시테츠 호텔 서울, 나인트리 호텔 명동, 호텔 마누, 라마다 서울 동대
문, 호텔 그레이스리 서울, 트레블로지 명동 을지로 호텔, 스타즈 호텔 명동 2호점,
이비스 스타일 앰배서더 명동, 베스트웨스턴 뉴서울 호텔 등 15개가 있다.

〈표 4-1〉 호텔 등급

구분	호텔	주소
5성급	더 플라자 서울	서울특별시 중구 소공로 119
	웨스틴 조선 서울	서울특별시 중구 소공로 106
	밀레니엄 힐튼 서울	서울특별시 중구 소월로 50
	노보텔 앰배서더 서울 동대문	서울특별시 중구 을지로 238
	(주)호텔 신라	서울특별시 중구 동호로 249
	롯데 호텔 서울	서울특별시 중구 을지로 30
4성급	레스케이프 호텔	서울특별시 중구 퇴계로 67
	프레이저플레이스 센트럴 서울	서울특별시 중구 통일로 78
	알로프트서울명동호텔	서울특별시 중구 남대문로 56

	포포인츠 바이 쉐라톤 조선 서울 명동	서울특별시 중구 삼일대로10길 36
	롯데 시티 호텔 명동	서울특별시 중구 삼일대로 362
	티마크 그랜드 호텔 명동	서울특별시 중구 퇴계로 52
	코트야드 메리어트 서울 남대문	서울특별시 중구 남대문로 9
	소테츠호텔즈 더 스프라지르	서울특별시 중구 남대문로5길 15
	L7 호텔 명동	서울특별시 중구 퇴계로 137
	소테츠호텔즈 더 스프라지르 동대문	서울특별시 중구 장충단로 226
	호텔 PJ	서울특별시 중구 마른내로 71
	퍼시픽 호텔	서울특별시 중구 퇴계로20길 2
	로얄 호텔 서울	서울특별시 중구 명동길 61
	프레지던트 호텔	서울특별시 중구 을지로 16
	코리아나 호텔	서울특별시 중구 세종대로 135
	세종 호텔	서울특별시 중구 퇴계로 145
	나인트리 프리미어호텔 명동 2	서울특별시 중구 마른내로 28
3성급	호텔토마스명동	서울특별시 중구 세종대로16길 26
	호텔 미드시티 명동	서울특별시 중구 다동길 30
	트레블로지 명동 시티홀 호텔	서울특별시 중구 세종대로16길 22
	더 그랜드 호텔 명동	서울특별시 중구 명동8가길 38
	호텔 28	서울특별시 중구 명동7길
	트레블로지 동대문 호텔	서울특별시 중구 동호로 359

솔라리아 니시테츠 호텔 서울	서울특별시 중구 명동8길 27
나인트리 호텔 명동	서울특별시 중구 명동10길 51
호텔 마누	서울특별시 중구 퇴계로 19
라마다 서울 동대문	서울특별시 중구 동호로 354
호텔 그레이스리 서울	서울특별시 중구 세종대로12길 12
트레블로지 명동 을지로 호텔	서울특별시 중구 수표로 61
스타즈 호텔 명동 2호점	서울특별시 중구 수표로 16
이비스 스타일 앰배서더 명동	서울특별시 중구 삼일대로 302
베스트웨스턴 뉴서울 호텔	서울특별시 중구 세종대로22길 16

출처 : 호텔업등급관리국 2022년 자료

2. 웨스틴 조선 서울

웨스틴 조선 서울은 지하철 1, 2호선 시청역 6번 출구에서 4분 거리에 위치해 있으며, 인근에는 신세계백화점 본점(도보 5분)과 남대문 시장(도보 7분), 서울 N 타워(차로 15분), 청계천, 명동 등이 있다.

호텔 내 운동 기구가 갖춰진 피트니스 센터에서는 퍼스널 트레이닝, 그룹 운동 프로그램이 운영되고 있으며, 요트 모양 디자인을 본뜬 실내 수영장과 냉온 자쿠지 (거품나는 욕실), 건식 사우나, 습식 사우나, 파우더룸 등이 갖춰진 사우나도 있어 휴식을 취하기에 좋다.

웨스틴 조선 서울은 40개의 스위트 룸을 포함하여 전체 462개의 객실을 보유하고 있으며, 비즈니스 디럭스룸부터 프레지덴셜 스위트까지 전체 8가지 유형의 객실이 있다. 비즈니스 고객들을 위해서 준비된 비즈니스 센터에는 워크 스테이션과 3개의 회의실이 있다.

 스위트 룸 이용객에게는 런던 명품 브랜드 조말론(Jo Malone) 제품 어메니티를 제공한다. 이그제큐티브 룸 투숙객은 20층에 위치한 웨스틴클럽에서 조식, 커피와 스낵, 간단한 주류 등을 이용할 수 있다. 차분하고 깔끔한 인테리어를 자랑하는 모든 객실 내에는 스마트 TV, 헤븐리 베드, 거위털 이불, 미니바, 커피머신 등이 갖춰져 있으며 욕실 내에는 목욕 가운, 비데, 헤어드라이어 등이 있다.

 10개의 오픈 스테이션이 갖춰진 뷔페 '아리아', 이탈리안 레스토랑인 '루브리카', 자갓 가이드북과 미슐랭 가이드에 소개된 '스시조', 프렌치 레스토랑인 '나인스 게이트', 광동식 중식 전문 '홍연' 등 다이닝 선택의 폭이 넓으며 오픈형 라운지 앤 바와 신선한 베이커리와 케이크, 비벤떼 커피를 제공하는 '조선 델리'도 마련되어 있다.

수영장

객실

레스토랑

로비

3. 밀레니엄 힐튼 서울

밀레니엄 힐튼 서울은 1, 4호선 서울역 8번 출구에서 도보로 5분 거리에 있다. 주변 관광지로는 N서울타워가 차로 8분, 남산골한옥마을이 차로 10분 거리에 있으며 청계천과 덕수궁까지 차로 약 10분 정도 소요된다.

호텔 내에는 피트니스센터, 수영장, 실내 골프 연습장, 사우나, 스파, 외국인 전용 카지노 등 즐길 거리가 풍부하며 비즈니스센터와 연회장도 마련되어 있다. 또한, 올데이다이닝 레스토랑 '카페 395', 아메리칸 스타일 다이닝 'Bistro 50', 일식 요리 전문점인 '구상노사카바', 중식 요리 전문점인 '타이판' 등의 다이닝 공간이 있어 다양한 미식 경험을 할 수 있다.

그 밖에 라이브 음악을 즐길 수 있는 '오크룸', 베이커리 '실란트로 델리' 등도 이용할 수 있다.

침대에 누우면 보이는 남산타워 모습은 사계절 모두 예쁘긴한데 아무래도 벚꽃 필 때랑 단풍들 때 알록달록 풍경이 멋지고 좋은 것 같다. 욕실이 그렇게 큰 편은 아니지만, 욕조가 있어서 피로 풀기에 좋았고 세면대 쪽에 치약과 치솔 등 편의용품과 바디 워시 같은 어메니티가 준비되어 있다.

캡슐커피를 내려 마실 수 있는 머신도 있으며, 노트북으로 업무를 보기 좋은 책상이 있다.

수영장

객실

레스토랑

라운지

4. 노보텔 앰배서더 서울 동대문

　흥인지문의 처마를 모티브로 삼아 지어진 노보텔 앰배서더 서울 동대문은 지하철 2, 4, 5호선 동대문역사문화공원역 12번 출구에서 걸어서 3분 거리에 있다. 호텔에서 10분 정도 걸어가시면 두타몰, 동대문시장, 동대문디자인플라자 같은 동대문의 쇼핑 명소들을 방문할 수 있다.

　호텔 루프탑에는 미온수의 수영장과 요가 존이 있으며 파노라믹한 도심 전망을 감상하며 시간을 보낼 수 있다. 또한, 피트니스센터, 비즈니스 코너, 키즈존, 수유실 및 무슬림 기도실 등 다양한 부대시설이 마련되어 있다.

　331개의 호텔 객실과 주방시설을 갖춘 192개의 레지던스 객실로 구성되어 있으며, 전용 욕실에는 레인 샤워 기능이 구비된 샤워 부스와 객실 유형에 따라 욕조가 설치되어 있다.

　호텔 20층에 위치한 뷔페 레스토랑 '푸드익스체인지'에서는 탁 트인 시티뷰와 함께 세계 각국의 다양한 음식을 먹을 수 있고, 캐쥬얼한 다이닝 바 '고메 바'에서는 음료와 간단한 스낵을 즐길 수 있다. 카페 '더 델리'에서는 페이스트리를 맛볼 수 있다.

편리한 교통 편과 도심에선 드물게 갖추고 있는 루프탑 수영장까지 완벽한 호캉스를 위한 시설들이 마련되어 있다. 전통과 모던함이 공존하는 동대문의 분위기가 객실에서도 이어진다. 총 523개의 객실은 흥인지문의 처마를 모티브로 삼은 인테리어로 꾸며져 한국적인 분위기를 물씬 풍긴다.

객실 타입은 호텔 타입과 주방 시설을 갖춘 레지던스 타입으로 구분되니 여행 목적과 취향에 맞춰 선택하길 바란다. 객실 타입에 따라 인공지능 스피커 '기가지니'가 구비되어 있다. 음성으로 객실 설비를 컨트롤부터 룸서비스까지 편리하게 요청이 가능하다.

수영장

객실

푸드익스체인지

라운지

5. 호텔 신라

　서울 신라 호텔은 3호선 동대입구역 5번 출구에서 도보로 5분 거리에 있으며 명동과 동대문 방면으로 무료 셔틀버스를 운행하고 있다. 호텔에서 명동 쇼핑 거리까지는 차로 15분, 강남역까지는 차로 약 20분이 소요된다.

　호텔 내에는 4만㎡의 녹지대를 따라 조성된 산책길과 웰니스 테라피를 제공하는 겔랑스파가 있어 여유로운 시간을 보낼 수 있다. 뿐만 아니라, 카바나, 온수풀, 자쿠지 등이 완비된 야외 수영장 '어번 아일랜드' 등이 마련되어 있다. 비즈니스를 위한 고객님들은 미팅룸과 비즈니스 센터, 쇼핑 아케이드 등의 편의 시설을 이용할 수 있다. 투숙객에 한하여 무료 주차가 가능하며 유료로 발렛 파킹 서비스도 제공한다.

　서울 신라호텔 로비의 시그니쳐는 마치 은하수를 연상시키는 우아한 율동과 빛으로 로비에 생동감을 더한 박선기 작가의 작품이다.

　신라호텔은 총 464개의 객실을 보유하고 있으며, 객실 뷰는 두 가지 중에 선택할 수 있다. 하나는 한옥 지붕의 영빈관 뷰, 다른 하나는 서울N타워와 어반아일랜드

뷰를 선택할 수 있으며, 각 객실에서는 남산 또는 영빈관 전망을 감상할 수 있다.

이그제큐티브 이상 객실은 별도의 체크인 및 체크아웃 서비스를 받을 수 있고, 이규제큐티브 라운지를 이용할 수 있다. 호텔에는 중식, 일식, 한식, 프렌치, 뷔페 등 다양한 메뉴를 선보이는 5개의 레스토랑이 있어 식사 선택의 폭이 넓으며, 라운지&바 '더 라이브러리'에서는 다양한 음료 및 주류, 애프터눈 티 등을 즐길 수 있다. 매일 아침 조식 뷔페는 1층 '파크뷰'에서 제공하고 있다.

풀장 및 피트니스는 모두 3층에 위치한다. 실내와 실외 수영장은 구조적으로는 연결되어 있는데, 운영하는 주체가 달라서 왔다 갔다 하며 이용할 수 없다.

수영장

객실

타볼로 24 뷔페

라운지

6. 롯데 호텔 서울

롯데호텔 서울은 2호선 을지로입구역 8번 출구에서 도보로 3분, 1, 2호선 시청역 6번 출구에서 도보 8분 거리에 자리하고 있다. 이태원, 가로수길, 코엑스 등을 경유하는 셔틀버스를 사전 예약한 투숙객에 한하여 무료로 이용할 수 있다.

주변의 관광 명소로는 서울광장이 도보로 10분, 쌈지길이 도보로 20분 거리에 있다. 또한, 북촌한옥마을까지 차로 10분, 청계천까지 차로 15분이면 도착할 수 있다.호텔 내 국내 최초의 호텔 뮤지엄, 한방 트리트먼트를 제공하는 설화수 스파, 롯데호텔갤러리 등의 프리미엄 시설 등이 있다. 그 밖에 부대 시설로는 피트니스센터, 수영장, 사우나, 골프 등이 있으며 모두 4층에 위치하고 있어 편리하게 이용할 수 있다. 또한, 주차장을 무료로 제공하고 있다.

본관 737실, 신관 278실로 총 1,015개 객실을 보유하고 있으며 객실에서는 서울의 스카이라인을 조망할 수 있으며 객실 내 LCD TV, 미니바, 비데 등이 있다.

호텔 내에 미슐랭 3스타의 레스토랑인 피에르가니에르에서 프랑스 요리와 와인을 즐길 수 있다. 뿐만 아니라, 정갈한 한식당인 무궁화, 일식당인 모모야마, 중식당인 도림 등이 있으며 별도의 요금을 내면 업스케일 뷔페인 라세느에서 뷔페식 조식을 즐길 수 있다.

　2018년 9월, 리뉴얼 오픈한 이그제큐티브 타워는 영국의 The G.A그룹에서 디자인하여 강북 럭셔리 호텔의 기준을 새로 쓰고 있다. The Lobby에서의 프라이빗한 체크인을 시작으로, 라운지 Le-Salon에서 조식, 에프터눈티, 해피아워까지 즐길 수 있으며, 최첨단 사양의 6인, 12인, 18인실 회의실을 완비하고 있다. 시몬스 최상급 브랜드인 뷰티레스트 원 침구가 전 객실에 구비되어 있으며, 프랑스 니치 퍼퓸 브랜드 딥티크 어메니티 또한 만나 볼 수 있다.

수영장

객실

라세느 뷔페

바

제5장
생동감 넘치는
강남으로 가볼까?

1. 강남구의 특징

조선 시대부터 1962년까지 경기도 광주군 언주면, 대왕면 지역이었으며, 1963년 서울로 편입된 지역으로 성동구에 속했으나, 1970년대 서울 도시개발계획에 의해 주택지로 개발되면서 1975년 구 증설에 따라 신설되었다. 1979년 계속된 팽창으로 옛 천호출장소 지역과 강동 일대를 강동구로, 1988년 강남대로 서쪽지역을 서초구로 넘겨주었다. 계획적으로 개발한 지역으로, 남부 그린벨트를 제외하고는 직교상의 넓은 가로망이 발달되었다. 대한민국 부촌의 상징[9]이며, 강남 8학군과 대치동 학원가로 대표되는 한국에서 교육열이 가장 높은 지역으로도 유명하다. 강남대로와 강남역 일대는 사대문 안, 영등포·여의도와 함께 서울의 3대 도심의 중심지로 대한민국에서 가장 유동인구가 많은 지역 중 하나이며 대중교통도 매우 발달되어 있다. 한편, 해외에서는 2012년 발매된 가수 싸이의 곡 강남스타일의 인기로 많이 알려졌다. 제조업의 분포는 거의 없고, 강남대로변의 신사동·논현동·역삼동 주변과 압구정로 주변의 압구정동, 테헤란로 주변의 삼성동 지역이 상업지역으로 발달되었고, 전역이 주택지로서 고르게 개발되었다.

강남구에는 관광객이 많아서 다양한 숙박시설이 많이 있는데 그중에서 호텔은 71개 10,270개의 객실을 보유하고 있다. 호캉스를 즐기기 좋은 5성급 호텔은 호텔 오크우드 프리미어, 조선 팰리스 서울 강남, 그랜드 인터컨티넨탈 서울 파르나스, 파크 하얏트 서울, 안다즈 서울 강남. 인터컨티넨탈 서울 코엑스, 임피리얼 팰리스 호텔 등 7개가 있으며, 4성급은 L7 강남 바이 롯데, 호텔 인 9, 포포인츠 바이 쉐라톤 서울 강남, 노보텔 앰배서더 서울 강남, 글래드 라이브 강남, 호텔 리베라 서울 등 6개가 있으며, 3성급으로는 호텔 크레센도 서울, 호텔 엔트라, 호텔 페이토 삼성, 도미인 서울 강남, 강남 스테이 호텔, 호텔 포레힐, 에이든 바이 베스트웨스턴 청담, 호텔 뉴브. 호텔 크레센도 서울. 알로프트 서울 강남, 글래드 강남 코엑스 센터, 베스트웨스턴 프리미어 강남호텔 등 12개가 있다.

〈표 5-1〉 호텔 등급

구분	호텔	주소
5성급	호텔 오크우드 프리미어	서울특별시 강남구 테헤란로87길 46
	조선 팰리스 서울 강남	서울특별시 강남구 테헤란로 231
	그랜드 인터컨티넨탈 서울 파르나스	서울특별시 강남구 테헤란로 521
	파크 하얏트 서울	서울특별시 강남구 테헤란로 606
	안다즈 서울 강남	서울특별시 강남구 논현로 854
	인터컨티넨탈 서울 코엑스	서울특별시 강남구 봉은사로 524
	임피리얼 팰리스 호텔	서울특별시 강남구 언주로 640
4성급	L7 강남 바이 롯데	서울특별시 강남구 테헤란로 415
	호텔 인 9	서울특별시 강남구 영동대로 618
	포포인츠 바이 쉐라톤 서울 강남	서울특별시 강남구 도산대로 203
	노보텔 앰배서더 서울 강남	서울특별시 강남구 봉은사로 130
	글래드 라이브 강남	서울특별시 강남구 봉은사로 223
	호텔 리베라 서울	서울특별시 강남구 영동대로 737
3성급	호텔 크레센도 서울	서울특별시 강남구 봉은사로 428
	호텔 엔트라	서울특별시 강남구 도산대로 508
	호텔 페이토 삼성	서울특별시 강남구 테헤란로87길 9
	도미인 서울 강남	서울특별시 강남구 봉은사로 134
	강남 스테이 호텔	서울특별시 강남구 논현로87길 15-4

호텔 포레힐	서울특별시 강남구 학동로 117
에이든 바이 베스트웨스턴 청담	서울특별시 강남구 도산대로 216
호텔 뉴브	서울특별시 강남구 선릉로85길 6
호텔 크레센도 서울	서울특별시 강남구 봉은사로 428
알로프트 서울 강남	서울특별시 강남구 영동대로 736
글래드 강남 코엑스 센터	서울특별시 강남구 테헤란로 610
베스트웨스턴 프리미어 강남호텔	서울특별시 강남구 봉은사로 139

출처 : 호텔업등급관리국 2022년 자료

2. 호텔 오크우드 프리미어

코엑스 몰과 연결되어 있으며, 2호선 삼성역 5번 출구와 9호선 봉은사역 7번 출구에서 10분이 채 걸리지 않는 곳에 위치해 있다. 가까운 도보 거리에 현대백화점 무역센터점과 코엑스 몰이 있으며 지하철로 두 정거장이면 강남, 세 정거장이면 잠실 롯데월드까지 갈 수 있다. 다양한 레스토랑과 분위기 좋은 카페가 밀집된 번화가에 위치한 호텔은 최적의 입지를 자랑한다.

오크우드 호텔은 골프 라운지 및 실내 수영장, 사우나 등의 시설을 갖추고 있으며 무료 GX 수업 서비스를 제공하고 있다. 비즈니스 고객을 위한 비즈니스 센터 및 회의실 시설을 갖추고 있으며 어린이를 위한 놀이방도 이용할 수 있다.

객실은 5F 리셉션에서 로비에서 탑승한 엘리베이터가 아닌 객실 전용 엘리베이터로 갈아타고 올라가야 한다. 객실은 고급진 대리석과 카펫 그리고 다크 브라운 컬러에서 고급스러우면서 중후한 매력이 풍긴다.

호텔의 모든 객실에는 냉장고, 식기세척기, 커피/ 차 메이커 등 키친 시설 등이 갖춰져 있고, 욕실에는 목욕 가운 및 헤어드라이어도 마련되어 있다. 객실 내에는 DVD 플레이어도 이용할 수 있다.

호텔 5층에는 전통 한식부터 양식까지 다양하게 즐길 수 있는 오크 레스토랑과 프라이빗한 분위기로 손꼽히는 오크바가 있으며, 시즌별로 다양한 프로모션을 진행하여 고객 여러분의 눈과 입을 즐겁게 한다. 또한, 호텔에서는 날마다 신선하고 좋은 재료로 만들어진 든든한 아침 식사를 맛볼 수 있다.

수영장

객실

오크 레스토랑

로비

3. 조선 팰리스 서울 강남

　서울 강남의 중심지 테헤란로에 위치한 조선 팰리스 호텔은 지하철 2호선 역삼역에서 도보로 5분, 선릉역에서 도보로 7분 이내 거리에 있다. 도보로 10분 거리에는 조선왕조의 유구한 품격을 담은 사적 제199호 선정릉 공원이 위치하고 있어, 고즈넉한 전통의 공간과 도심 속의 푸르른 공원을 함께 누릴 수 있다.

　조선 웰니스 클럽 피트니스에서는 파노라마 시티뷰와 함께 구비되어 있는 최신 하드웨어로 운동을 하며 건강한 휴식 시간을 가질 수 있고, 실내 인테리어가 고급스러운 수영장과 최고급 사우나 시설에서는 여유로운 휴식과 레저를 경험하며 활력을 재충전할 수 있다.

　서조선 팰리스 호텔은 지하 6층, 지상 36층 규모의 총 254객실을 보유하고 있으며 파노라마 뷰, 도심 속의 스카이라인 뷰를 느낄 수 있다. 객실 타입은 총 9개로, 전 객실에 스웨덴 명품 브랜드 바이레도 제품 어메니티가 제공되며, 에어 드레서, 캡슐 커피 머신이 비치되어 있다.

　전 객실 그랜드 리셉션에서 커피 및 쿠키가 제공되고, 1914 라운지앤바에서 객실 타입에 따라 핑거 푸드 및 카나페와 와인이 제공되어 조선 팰리스만의 럭셔리한 라이프를 즐길 수 있다.

　조선 팰리스에는 조선호텔 홍연의 명성을 이어받는 중식 레스토랑 '더 그레이트 홍연', 한식의 맛과 멋을 글로벌한 감각으로 재해석한 메뉴를 맛볼 수 있는 뉴 코리안 파인 다이닝 레스토랑 '이타닉 가든', 9m의 높은 층고에서 탁 트인 강남 도심의 시티뷰를 즐길 수 있는 '1914 라운지앤바', 세계 각지의 수준 높은 요리를 만날 수 있는 올 데이 다이닝 레스토랑 '콘스탄스' 뷔페가 있다.

수영장

객실

바

콘스탄스

4. 파크 하얏트 서울

파크 하얏트 서울은 2호선 삼성역 1번 출구 바로 앞에 위치하고 있다. 주변 관광지로는 코엑스몰과 무역센터가 도보로 3분 거리에 있다. 또한 압구정 로데오거리와 신사동 가로수길도 차로 15분이면 갈 수 있다.

호텔 내에는 최신 시설이 완비된 피트니스 센터와 탁 트인 전망을 자랑하는 인피니티 수영장이 완비되어 있다. 또한, 비즈니스 고객을 위한 미팅룸과 비즈니스 센터도 마련되어 있다. 뿐만 아니라, 발레 파킹 서비스도 이용할 수 있으며 별도의 비용이 발생한다.

스위트 객실 38개를 포함한 전체 184개 객실을 보유하고 있으며 일부 객실에서는 코엑스 또는 탄천 전망을 감상할 수 있다. 각 층마다 10개 이하의 객실을 보유하고 있으며 객실 전용 엘리베이터를 운영하고 있어 프라이빗한 휴식 시간을 보낼 수 있다.

호텔 내에는 정통 이탈리안 레스토랑인 코너스톤, 아름다운 전망을 자랑하는 호텔 최고층에 자리한 더 라운지, 전통 가옥 느낌의 일식 다이닝 바인 더 팀버 하우스 등이 있어 다이닝 선택의 폭이 넓다.

주차는 원하든 원치않는 반드시 발렛을 맡겨야 하는 시스템이라서 발렛비가 18,000원이다. 객실은 바닥이랑 가구 전부 다 동일한 우드톤에 ㄱ자로 펼쳐진 통창 덕에 객실에 들어서자마자 첫인상은 매우 좋다. 세면대 겸 화장대가 욕실이 아닌 침실 한 켠으로 나와 있다.

조식은 메뉴판에서 주문해서 먹는 방식으로 한식과 달걀 요리 중에서 인당 한 개를 고를 수 있고, 나머지는 원하는 만큼 주문할 수 있다. 그렇지만 조식 시간은 정해져 있는데 주문한다고 바로 나오는 것도 아니라서 뷔페 방식 보다는 먹을 것이 적다.

수영장

객실

로비

다이닝

5. 안다즈 서울 강남

　안다즈 서울 강남에서 3호선 압구정역까지 도보로 5분 거리에 있어 서울에서 편리하게 이동할 수 있다. 압구정역에 직접 연결되어 있는 안다즈 서울 강남은 럭셔리의 상징 압구정과 청담에 위치하고 있어 한국의 럭셔리 패션과 뷰티, 아트 갤러리는 물론 다양한 미식 경험을 할 수 있다. 무료 와이파이(Wi-Fi), 수영장 및 사우나도 제공하고 있다. 이 호텔은 가로수길, 압구정 로데오거리에서 걸어갈 수 있는 거리에 있다.

　안다즈 서울 강남은 한국 전통 직조 예술의 미를 담고 있는 보자기에서 영감을 받아 디자인한 객실에는 창의적인 인테리어와 예술품, 편의 시설이 조각보처럼 아름답게 수놓아져 고객님들께 한 차원 높은 미적 감각을 선사해 준다.

　새롭게 단장한 안다즈 서울 강남의 조각보는 세 가지의 개성있는 공간으로 컨셉에 따른 전문화된 메뉴를 선보이고 있다. 바이츠 앤 와인, 씨푸드 그릴, 미트 앤 코의 세 가지 공간에서 트렌디한 미식 골목을 여행하듯, 한 차원 높은 미식 경험을 즐길 수 있다.

객실에는 에어컨이 완비되어 있으며 고급 세면 용품, 슬리퍼, 커피 메이커 등의 최고급 시설을 제공하고 있다. 노트북 금고, 다리미 시설, 냉장고 등도 갖춰져 있다. 하루 일정을 끝낸 후 안다즈 서울 강남의 레스토랑 혹은 바에서 휴식을 취할 수 있다.

실내 수영장 더 서머 하우스는 7m LED 스크린이 장식된 16m 길이 실내 수영장, 온도에 따라 구분된 3개의 자쿠지, 공용 사우나와 허브탕으로 이루어져 있다. 대형 스크린을 통해 서울의 화려한 전경을 보며 여유로운 휴식을 즐길 수 있다.

객실

레스토랑

로비

수영장

6. 임피리얼 팰리스 호텔

임피리얼 팰리스 서울은 7호선 학동역 1번 출구에서 도보 약 8분 거리에 있다. 주변 관광지로는 압구정 로데오거리가 차로 약 5분, 코엑스가 차로 약 10분, 잠원 한강공원이 차로 약 20분 정도 소요된다. 호텔 내에는 400여 점의 예술품이 전시되어 있으며, 피트니스 센터와 실내 수영장, 하절기에 개방하는 야외 풀장이 마련되어 있다.

임피리얼 팰리스 서울은 스파 객실 등 다양한 타입의 객실 총 405개를 보유하고 있다. 임피리얼 팰리스 서울은 게스트룸, 스파룸, 클럽 룸, 스위트 객실로 구성되어 있으며, 온돌, 스파 시설을 보유한 객실도 있다. 호 텔에는 조식 뷔페가 제공되는 레스토랑 '패밀리아'와 정통 중국 요리를 선보이는 '천산', 일식 레스토랑 '만요'는 물론, 음료를 즐길 수 있는 카페와 바까지 준비되어 있다. 임피리얼 팰리스 서울의 부대시설로는 실내 수영장, 사우나, 피트니스클럽,

전통문화체험관을 이용할 수 있다.

로비의 카페 델마르는 클래식 감성으로 이루어진 곳이다. 아침, 점심, 저녁 시간에 관계없이 즐길 수 있는 카페 메뉴와 한식 단품, 캐주얼 요리, 애프터눈 티, 할랄 메뉴, 샴페인 등이 준비되어 있다.

디럭스룸은 고풍스러운 인테리어로 이루어진 객실로 앤틱한 가구들과 소품들로 꾸며졌다. 특히 넓은 침대 덕분에 편안한 시간을 보낼 수 있다. 해당 객실은 클럽 임피리얼 라운지 혜택이 제공된다. 임피리얼 팰리스 서울의 욕실은 대리석으로 이루어졌으며 욕조도 구비되어 있다. 샴푸, 컨디셔너, 바디워시, 바디로션, 칫솔을 함께 제공한다. 현재 조식은 아메리칸 브렉퍼스트로 단품 운영 중이다.

객실

레스토랑

로비

수영장

제6장
볼거리 많은
종로로 가볼까?

1. 종로구의 특징

종로는 조선의 건국 이후 한양 천도와 함께 오늘날까지 약 600여 년 동안 서울의 중심부로 행정의 심장부로서 중요한 역할을 담당해 오고 있다. 1394년 10월에 조선왕조가 한양에 천도한 이후 600여 년 동안 우리 민족과 함께 영고성쇠를 말없이 지켜온 북악산, 인왕산이 있고, 조선 왕조를 대표하는 경복궁, 창덕궁, 창경궁, 종묘, 사직단, 동대문 등 수없이 많은 문화유산과 요즘 핫플레이스로 떠오른 우리 고유의 전통 한옥이 잘 보존되어 있는 북촌이 전통미와 현대미가 조화를 이루며 공존하고 있는 자랑스러운 곳이다.

종로라는 명칭은 지금의 종로1가에 도성문(都成門)의 개폐(開閉)시각을 알려주는 큰 종을 매달았던 종루(鐘樓)에서부터 비롯되었으며 1943년 4월 1일 종루가 있는 거리라는 뜻으로 종로구가 되었다.

짧은 휴가 일정으로 서울을 벗어나기 부담스럽거나, 서울 속 데이트를 위해 호캉스를 계획하고 있다면 종로구로 호캉스를 떠나 보자. 종로구는 호캉스를 즐기다 잠시 나와서 대한민국 전통문화의 혼이 살아 숨 쉬는 인사동 문화지구에서 다양한 문화 콘텐츠를 즐길 수도 있으며, 젊음의 열기가 가득한 대학로에서 예술, 공연, 치유를 즐길 수 있다. 그리고 갤러리이앙, 갤러리정미소, 동숭갤러리, 목금토갤러리, 샘터갤러리, 아르코미술관 등에서 예술가들의 정취를 흠뻑 느껴볼 수 있으며, 서울의 명소인 청계천 길을 걸으면서 고즈넉한 모습과 세련된 서울이 섞여 있어 매력적인 곳이라 색다른 데이트를 즐길 수 있다. 또한, 광장시장, 동대문 시장, 동문시장, 충신시장, 흥인시장에서 서민의 삶을 체험하면서 지역을 대표하는 음식들을 만날 수 있다.

종로구에는 관광객이 많아서 다양한 숙박시설이 많이 있는데 그중에서 호텔은 42개 4,194개의 객실을 보유하고 있다. 호캉스를 즐기기 좋은 5성급 호텔인 JW 메리어트 동대문스퀘어, 포시즌스 호텔 등 2개가 있으며, 4성급은 오라카이 인사

동 스위트가 있으며, 3성급으로는 아벤트리 호텔 종로, 신라스테이 광화문, IBC
호텔, 호텔 아트리움, 이비스 앰배서더 호텔 인사동 등 4개가 있다.

〈표 6-1〉 호텔 등급

구분	호텔	주소
5성급	JW 메리어트 동대문스퀘어	서울특별시 종로구 청계천로 279
	포시즌스 호텔	서울특별시 종로구 새문안로 97
4성급	오라카이 대학로 호텔	서울특별시 종로구 율곡로 180
3성급	아벤트리 호텔 종로	서울특별시 종로구 우정국로 46
	신라스테이 광화문	서울특별시 종로구 삼봉로 71
	IBC 호텔	서울특별시 종로구 난계로 241
	호텔 아트리움	서울특별시 종로구 창경궁로 106
	이비스 앰배서더 호텔 인사동	서울특별시 종로구 삼일대로30길 31

출처 : 호텔업등급관리국 2022년 자료

2. JW 메리어트 동대문 스퀘어

JW 메리어트 동대문 스퀘어 서울은 전반적으로 대중교통 접근성 및 주변 관광지 근처에 있어서 서울 관광 및 방문객들에게 좋은 곳에 위치해 있다. 지하철 1, 4호선 동대문역 8번 출구에서 도보로 약 2분 거리에 있다. 주변 관광지로는 청계천이 걸어서 약 1분, 동대문디자인플라자가 도보로 약 5분 거리에 있으며 인사동이 차로 약 7분, 광화문이 차로 약 10분 정도 소요된다. 10여 층의 높지 않은 규모이지만 주변의 성곽, 흥인지문공원과 잘 어울리는 멋진 외관을 보여준다.

호텔에는 친환경 규소 필터를 통해 수질 관리를 하는 실내 수영장과 월풀, 어린이 전용 수영장이 마련되어 있다. 수영장은 작지만 관리가 잘되어 있으며, 유아용 가운과 슬리퍼가 있어 유아를 동반한 고객들로부터 높은 평가를 받고 있다.

또한, 피트니스 센터와 프랑스 자연주의 브랜드 록시땅의 전문 스파 시설은 물론, 연회장과 미팅룸 등 다양한 시설과 서비스를 이용할 수 있다. 호텔은 디럭스부터 프레지덴셜 스위트까지 7개 타입의 객실 총 170개를 보유하고 있다. 객실은 욕조도 있고 샤워부스도 따로 있어 편리하다. 또한, 객실에 따라 흥인지문 또는 동대문 전망을 감상할 수 있다. 호텔 내에는 뉴욕 3대 스테이크 하우스 중 하나인 BLT 스테이크와 다채로운 세계 요리를 맛볼 수 있는 타볼로 24 뷔페가 있다. 특히 타볼로 24 셰프가 엄선한 최고급 요리와 고급 식재료로 리뉴얼 된 뷔페 요리를 만나볼 수 있다.

뿐만 아니라, 멋진 야경을 감상할 수 있는 더 그리핀 루프탑 바와 애프터눈 티를 즐길 수 있는 더 라운지, 서울 베이킹 컴퍼니 등이 있다.

후기를 보면 친절한 직원들이 많으며, 조식이나 음식도 매우 만족해하였으며, 룸 컨디션도 매우 만족하는 것으로 나타났다. 그러나 라운지에 사람이 좀 많으며, 주말에는 방문객들이 많아서 혼잡하다고 하니 주말을 이용한 호캉스를 하는 분들은 고려해 볼 만하다.

수영장

객실

타볼로 24 뷔페

라운지

3. 포시즌스 호텔

포시즌스 호텔 서울은 5호선 광화문역 7번 출구에서 도보로 약 2분 거리에 있다. 호텔에서 도보로 약 5분이면 세종문화회관과 광화문 광장까지 갈 수 있다. 북촌 한옥마을과 명동 거리는 차로 약 10분 걸린다.

포시즌스 호텔 서울의 건물과 인테리어는 한국적이면서도 고급스러움을 모두 갖춘 고급스러운 분위기로 고객을 만족시킨다. 호텔에는 세 개의 레인을 갖춘 실내 수영장, 바이탈리티 풀, 어린이 풀, 스크린 골프, 피트니스센터 등 운동 시설이 구비되어 있다. 또한, 비즈니스센터, 스파, 사우나 시설도 마련되어 있다.

43개의 스위트/스페셜 스위트 객실을 포함하여 총 317개의 객실이 있으며 객실에 따라 N서울 타워, 경복궁, 도시 등을 조망할 수 있다. 객실의 카펫은 매우 럭셔리하면서도 한국적인 느낌과 정갈한 느낌을 준다. 그리고 와인 잔도 구비가 다 되어 있고, 특히 찻잔과 팟까지 준비가 되어 있어서 한국적인 미가 돋보인다.

올 데이 다이닝 뷔페 레스토랑, 정통 이탈리안 레스토랑, 아시안 레스토랑과 바를 포함한 총 7개의 식음 업장에서 다양한 맛을 경험할 수 있다. 특히 더 마켓 키친 뷔페는 유럽의 활기찬 시장 골목을 연상하는 곳으로, 세계 각국의 요리와 다양한 맛을 생생하게 만날 수 있는 뷔페다. 라이브 쿠킹 스테이션에서 주문한 메뉴는 모두 즉석에서 준비해 준다.

패키지 예약 시 신나는 키즈 클래스 부터 무료 발렛 파킹, 맛있는 조식 뷔페까지 다양한 혜택을 제공한다. 프로모션을 이용하면 주중 투숙의 경우 객실을 24시간 이용하면서, 20만원 상당의 호텔 크레딧이 제공된다. 크레딧은 룸서비스 등의 식음료 또는 스파에 사용할 수 있다.

수영장

객실

바

레스토랑

4. 오라카이 인사동 스위츠

오라카이 인사동 스위츠는 1, 3, 5호선 종로3가역에서 도보로 3분 거리에 있으며 인근에 관광 명소를 편리하게 둘러볼 수 있는 위치를 자랑한다. 쌈지길이 걸어서 5분, 청계천이 걸어서 8분 거리에 있으며 창덕궁이 도보로 13분, 삼청동이 도보로 25분 거리에 자리해 있다. 주변에는 유명한 맛집들이 많이 있다.

이름에서 알 수 있듯이 오라카이 인사동 스위츠는 전 객실 스위트 룸으로 된 레지던스호텔이다. 그래서 전 객실 거실, 침실, 주방이 분리되어 있어서 가장 작은 룸도 넉넉하게 지낼 수 있다. 전 객실 주방에는 냉장고, 식기류, 조리도구 등이 구비되어 있어서 웬만한 취사가 가능하다. 그리고 주방에는 인덕션 아닌 가스레인지가 설치되어 있어 요리를 하기에 매우 편리하다.

세탁실이 있어서 갑자기 빨래가 생기면 할 수 있으며, 장기 투숙자에게 매우 편리하게 되어 있다. 객실은 아파트처럼 되어 있어서 방 면적이 매우 크며 방마다 붙박이장이 있어서 진짜 집 같다. 욕조와 샤워부스 모두 있는 넓은 욕실를 가지고 있으며 세면대가 두개라 나눠 쓰기 좋다.

주니어스위트는 방 2개, 욕실 2개, 서재 1개, 거실, 부엌 등이 있어 가족이나 친구들과 호캉스를 즐기기가 좋다. 호텔 내에는 실내 수영장, 사우나, 키즈 클럽,

골프 연습장, 키즈풀, 놀이터 등이 마련되어 있다. 또한, 호텔 내 레스토랑과 바, 헬스장도 이용할 수 있다.

오라카이 스위츠 인사동은 주차장을 가려면 인사동 문화의 거리 방향에서 사람들을 지나 작은 도로를 통해 들어가기 때문에 낙원상가 가는 쪽과 마주하는 커피빈 있는 쪽을 통해 주차장을 들어가는데 통로도 굉장히 좁다. 그러나 주차장의 규모는 제법 큰 편이다.

수영장

객실

주방

로비

제7장
젊음이 넘치는
마포로 가볼까?

1. 마포구의 특징

서울의 중서부 한강 연안에 위치한 마포지역은 안산에서 갈라진 와우산 구릉산맥과 노고산 구릉 산맥, 용산 구릉 산맥이 강으로 뻗어 세 산맥 연안에 호수처럼 발달한 서호, 마포, 용호가 있었는데, 이 3호를 삼포(三浦-3개의 포구)라고 불렀고 이 삼개 중 지금의 마포를 마포강, 마포항 등으로 불려 마포라는 명칭이 여기서 유래되었다. 마포는 예로부터 한강의 대표적인 나루터로, 경기의 농산물과 황해의 수산물 집산지로서도 유명하였으나 하운(河運)의 쇠퇴와 함께 점차 그 기능을 상실하였다. 그러나 마포를 중심으로 하는 동부지역은 일찍이 시가지화되었으며, 아현동 일대는 전통적 주택지대를 형성하였다.

마포나루(지금의 토정동, 마포동 일대), 서강나루(지금의 신정동, 하중동, 상수동 일대), 양화나루(지금의 절두산 서쪽 부근)가 있었는데, 이곳이 워낙 절경이었기에 옛 사람들은 일찍이 마포8경(麻浦八景)이라 일컬어왔다. 종합대학으로 신수동에 서강대학교, 상수동에 홍익대학교 등이 있다.

마포는 사통팔달 교통과 도시 속의 업무 중심지구로 발전하면서 신세대의 패기와 활력이 넘치는 홍대앞 거리, 신촌 거리와 함께 아현동 웨딩 거리는 젊은 감각과 문화의 꽃을 피우고 있으며 사라진 마포나루굿을 재현하는 등 전통문화가 펼쳐지는 마포나루 축제, 한여름밤의 강변축제, 홍대앞 거리미술전, 서울프린지페스티벌 등 다양하고 독특한 지역문화축제와 구민체육대회를 개최하여 전통과 건강한 젊음이 함께 하는 지역문화를 꽃피우고 있다.

발달된 교통을 중심으로 마포로 양화로에 들어선 초고층 빌딩의 도심 업무시설은 가까운 영종도 신공항의 지리적 여건과 맞물려 비즈니스 하기에 가장 각광받는 최적의 경제 활동의 기반이 되고 있으며, 도화동, 공덕동, 용강동, 합정동 등에 위치한 깨끗하고 친절한 숙박시설과 전통의 마포숯불갈비, 주물럭 등 먹자거리와 잘 어우러진 휴식 공간으로 서비스 산업의 중심지이다.

마포구에는 대학생과 비즈니스로 인하여 다양한 숙박시설이 많이 있는데 그중에서 호텔은 23개 3,541개의 객실을 보유하고 있다. 호캉스를 즐기기 좋은 5성급은 없으며, 4성급은 스탠포드 호텔 서울, 서울가든호텔, 라이즈 오토그래프 컬렉션 바이 메리어트, 글래드 호텔 마포, 아만티호텔 서울 등 5개가 있으며, 3성급으로는 메리골드 호텔, 홀리데이 인 익스프레스 서울 홍대 등이 있다.

〈표 7-1〉 호텔 등급

구분	호텔	주소
4성급	스탠포드 호텔 서울	서울특별시 마포구 월드컵북로58길 15
	서울가든호텔	서울특별시 마포구 마포대로 58
	라이즈 오토그래프 컬렉션 바이 메리어트	서울특별시 마포구 양화로 130
	글래드 호텔 마포	서울특별시 마포구 마포대로 92
	아만티호텔 서울	서울특별시 마포구 월드컵북로 31
3성급	메리골드 호텔	서울특별시 마포구 양화로 112
	홀리데이 인 익스프레스 서울 홍대	서울특별시 마포구 양화로 188

출처 : 호텔업등급관리국 2022년 자료

2. 스탠포드 호텔 서울

국제도시 서울의 새로운 명소 상암동 디지털미디어시티에 위치한 스탠포드 호텔 서울은 지하철 6호선, 경의중앙선, 공항철도 디지털미디어시티역 9번 출구에서 도보 약 15분 거리에 있다. 호텔 내에는 550평 규모의 무료 피트니스 센터와 유료 시설의 사우나, 실내 수영장이 있다.

미국[뉴욕, 시애틀, 포틀랜드], 칠레[산티아고], 파나마[파나마시티], 부산, 안동, 그리고 통영 등 전세계 곳곳에서 호텔 및 리조트를 운영하며, 글로벌 호텔 체인으로 도약하고 있다.

비즈니스 고객을 위한 스위트룸, 발코니룸을 포함하여 비즈니스 고객을 위한 스위트룸, 발코니룸을 포함한 239개의 객실과 세미나, 기업회의, 결혼식 등을 위한 다양한 연회 공간, 3층 전 층을 활용한 피트니스 클럽 및 레스토랑, 그릴&바 등의 시설을 갖추고 있다.

　　호텔 1층에 자리한 카페 스탠포드에서는 조식, 중식, 석식 뷔페 메뉴를 선보이고 있다. 카페 스탠포드 외에도 지하 1층에는 다양한 주류와 스낵, 스테이크를 즐길 수 있는 맨한탄그릴&바가 준비되어 있다. 더불어 1층에는 커피, 베이커리 그리고 샌드위치 모닝세트를 판매하고 있는 소호 베이커리가 마련되어 있다.

수영장

객실

커피

스탠포드

3. 서울가든호텔

서울가든호텔은 5호선 마포역 3번 출구에서 도보 약 5분 거리에 있다. 주변 관광지로는 여의도 한강공원이 차로 약 8분, 홍대거리가 차로 약 15분, 남산서울타워가 차로 약 20분 정도 소요된다. 지하 2층~지상 16층, 객실 372실로 이뤄져 있다.

1997년 글로벌 호텔기업 배스호텔&리조트와 프랜차이즈체인 계약을 맺어 '호텔 홀리데이인서울'로 재단장했다. 2007년 5월에는 '베스트웨스턴 프리미어 서울가든호텔'로 변경됐다. 2021년 1월부터 체인명을 뗀 '서울가든호텔'로 운영 중이다.

호텔에서는 피트니스센터와 비즈니스 센터를 이용할 수 있다. 또한, 연회장과 미팅룸, 뷰티샵과 꽃집도 마련되어 있다. 호텔은 아늑한 분위기의 객실 총 372개를 보유하고 있다. 호텔 내 다이닝 시설로는 뷔페 레스토랑 'h'_Garden'과 정통 스시를 맛볼 수 있는 스시바 '이요이요', 음료와 함께 휴식을 취할 수 있는 '카페 1883'이 있다.

서울가든호텔은 40년의 역사를 지닌 호텔로 외관과 객실은 오래된 만큼 노후되었지만, 리뉴얼해서 클래식함이 남아 있다. 서울가든호텔은 스탠다드, 디럭스, 스위트룸으로 이루어져 있으며, 스탠다드룸은 더블, 트윈, 테라스 더블/트윈, 트리플, 패밀리 트윈, 쿼드로 나누어진다. 가족, 연인, 친구와 함께 또는 비즈니스 목적으로 방문하기에도 좋은 곳이다. 테라스 더블룸은 객실에 테라스가 구비되어 있으며, 모든 객실의 침대는 다른 호텔에 비해 넓은 편이다.

서울가든호텔은 부담 없는 가격으로 도심 속에서 프라이빗한 스파를 즐길 수 있다는 게 큰 장점이다. 스파는 성인 두 명이 들어가기 충분하며, 온도가 유지되기 때문에 날씨가 추운 요즘 같은 때에도 따뜻하게 이용할 수 있다.

조식은 1층 h_Garden에서 진행된다. 샐러드, 베이커리류, 죽, 한식 등 알차게 구성되었는데요. 즉석 코너에서 우동과 쌀국수를 맛볼 수 있다.

스파

객실

로비

h_Garden

4. 라이즈 오토그래프 컬렉션 바이 메리어트

라이즈 오토그래프 컬렉션 바이 메리어트는 2호선 홍대입구역 9번 출구에서 도보 약 3분 거리에 있다. 주변 관광지인 트릭아이뮤지엄 서울은 도보로 약 3분, 홍익 대학교는 도보로 약 10분이면 갈 수 있다. 여의도 한강 공원과 63 빌딩은 차로 약 20분 걸립니다. 호텔에는 기념품샵과 피트니스 센터도 마련되어 있다. 카페, 베이커리, 루프탑 라운지, 바, 아라리오 갤러리 등이 갖춰져 있어 다양한 경험을 할 수 있다. 호텔에서 카페가 많은 연남동 가기에도 편하고, 주변에 유명한 맛집들은 도보로 이동이 가능한 거리에 있다.

오토그래프 컬렉션은 각 지역의 고유한 색깔과 문화를 선보이는 메리어트의 디자인 호텔 체인으로 전 세계 140여 개 지점이 분포해있다. 컬렉션이라는 이름에 걸맞게 오직 이 지역에서만 만날 수 있는 독창적인 디자인과 서비스가 특징이다. 272개의 객실은 총 6가지 객실 타입으로 구성되어 있으며, 그중 글로벌 아티스트 4인방의 이름을 딴 아티스트 스위트의 경우 각 아티스트가 직접 인테리어에 참여해 자신의 작품 세계를 담아낸 공간을 완성했다.

　호텔은 전반적으로 캐주얼한 분위기이며, 작가들의 작품을 진열해 놓아 미술관에 온 것 같은 분위기를 준다. 그러나 수영장도 없는 호텔이라 가족 단위보다는 커플이나 친구끼리 오기 좋은 곳이다. 로비는 3층에 있으며, 피트니스 4층, 바는 15층에 있으며, 에디터룸과 크리에이터룸은 욕조는 없는 타입이다. 보들보들한 침구와 폭신한 매트리스가 있으며, 침대 옆으로 큰 사이즈의 오픈 옷장이 있고, 현관에는 거울이 달려 있어 외출 전 옷매무새 확인하기에도 좋다. 그리고 기본 제공 생수가 4병을 제공한다.

객실　　　　　　　　　　　레스토랑

로비　　　　　　　　　　　바

5. 글래드 호텔 마포

글래드 마포는 5, 6호선 공덕역 8번 출구와 경의 중앙선과 공항철도가 지나는 공덕역 9번 출구에서 호텔이 있는 효성헤링턴타워 건물과 연결되어 있어 도보 약 1분 거리에 있다. 주변 관광지로는 더현대 서울과 여의도 한강공원이 차로 약 9분, 홍대거리가 차로 약 15분 정도 소요된다.

호텔에는 피트니스 센터와 디지털 업무 지원시설을 갖춘 크리에이티브 라운지, 편의점, 회의실이 마련되어 있다. 호텔은 모던한 인테리어를 자랑하는 객실 총 374 개를 보유하고 있다.

엘리베이터를 타고 9층으로 가면 로비가 나오며 10층으로 가면 편의점, 뷔페식당 그리츠M, 세가프레도카페&바 그리고 체크인 카운터가 있다. 주차장은 주차동이 별도로 있으며, 주차동에서 호텔 로비까지는 연결 다리를 이용해서 이동하는 점이 약간 불편하며, 1층에서 바로 객실 층으로 갈 수는 없고 꼭 로비층(9층)에서 호텔 전용 엘리베이터로 환승해야 하는 점이 조금 불편하다. 9층에 세븐일레븐이 있어서 밖으로 나가지 않고 간단하게 간식이나 마실 것 등을 살 수 있다.

　글래드 마포는 11층부터 룸이 있어서 전반적으로 마포구 일대가 보이는 뷰를 제공한다. 친한 친구랑 둘이 가도 좋고 연인끼리 가도 좋을 것 같은 깔끔한 호텔로 쇼핑몰이나 주변에 갈 곳이 없지만, 조용히 방에서 시간을 보내고자 한다면 추천할 만하다. 호텔 로비에 편의점도 있고 가까이에 롯데마트도 있어서 여기저기 많이 다니려는 사람보다는 호텔에서 휴식하면서 쉬려는 사람들에게 좋은 호텔이다.

　욕조있는 방과 샤워부스 있는 방 중 선택이 가능하다. 글래드 마포는 친환경 이미지가 강해서 복도가 다크 그레이 컬러랑 어두운 벽돌 느낌으로 인테리어 되어있는데 고급스러운 느낌 보다는 안락하고 차분한 느낌을 준다. 객실의 인테리어는 심플하고 군더더기 없지만, 카드키도 우드 느낌으로 되어 있어 작은 부분까지 신경 썼다는 게 느낌이 든다.

객실

레스토랑

로비

바

6. 아만티호텔 서울

아만티 호텔 서울은 김포국제공항에서 차로 약 40분, 2호선 홍대입구역에서 걸어서 약 10분 정도 소요된다. 맛집과 상점이 즐비한 홍대거리까지 도보 10분 거리에 있으며, 망원한강공원까지 차로 약 10분이면 갈 수 있어 서울의 아름다운 한강을 감상할 수 있다. 호텔 내의 로비층에는 야외테라스 수영장 '어반 파라다이스'이 있으며, 비즈니스 센터, 피트니스 센터, 루프탑 트랙, 웨딩 연회장 등의 부대시설이 갖춰져 있다.

웨딩홀이 같이 있는 호텔이라서 4층이 로비, 5층부터 호텔 객실이며, 웨딩홀이 있어 지하 5층까지 주차장이 넓게 준비되어 있다. 호텔 1층에 있는 KITCHEN AMANTI에서 조식을 드시거나, MAPLE CAFE에서 커피를 즐길 수 있다. 로비는 대리석 느낌의 바닥으로 깔끔하고 고급스러움은 살려 젊은 층을 겨냥한 세련된 인테리어가 좋다.

객실은 스탠다드, 디럭스, 스위트 등으로 구성되어 있으며, 모든 객실에는 욕조가 있으며, 전반적으로 세련된 느낌의 조명이나 가구 디자인이 젊은 층에게 호감을 줄 수 있는 호텔이다. 꽤 넓은 크기의 킹 베드를 둔 디럭스 더블룸은 성인 2명이 하루

묵기 좋은 정도의 면적을 가졌다. 객실 인테리어는 어두운 우드톤을 메인으로 차분한 분위기를 풍긴다. 침대가 넓어 숙면을 취하는 데 큰 도움을 주나 보통 침대 옆에 있을 콘센트가 TV가 달린 침대 맞은 편 벽에 있다. 컴팩트한 크기의 욕실과 어메니티는 향긋한 과일 향을 가진 샴푸와 컨디셔너, 바디워시, 바디로션을 제공하며 칫솔과 치약도 구비해 개인적으로 필요한 것만 간단히 준비해 오면 된다. 휠체어가 이동하기 편리한 형태의 객실도 별도로 마련되어 있다.

옥상 정원에서 서울 스카이라인을 감상하며 여유로운 산책을 즐길 수 있다.

객실

레스토랑

로비

수영장

제8장
매력이 넘치는
부산으로 가볼까?

1. 부산의 특징

부산은 한반도의 남동단에 자리잡고 있고, 바다에 면한 남쪽을 제외하고는 경상남도와 접하고 있으며, 남으로는 대한해협에 면해 있고, 북으로는 울산광역시와 양산시의 동면과 물금읍, 서로는 김해시의 대동면과 경계를 이루고 있다.

대한민국 제2의 도시이자, 제1의 무역항이다. 동쪽과 남쪽은 바다에 면하고, 서쪽은 김해시 장유동과 창원시 진해구, 북쪽은 양산시 물금읍과 김해시 대동면, 동쪽은 울산광역시 서생면·온양읍에 접한다. 대한민국 남동단의 관문으로 서울특별시에서 남동쪽으로 약 450km, 대한해협을 끼고 일본 시모노세키와 약 250km 떨어져 있다.

도심으로는 서면과 광복동&남포동이 있고, 부도심으로는 해운대, 구포, 사상, 하단, 동래, 강서로 이루어져 있다. 우선 간단한 권역으로 분류를 따지면 원부산권으로 중,동구/영도구/서구/부산진구 남쪽 일부, 동래권으로 연제구/동래구/금정구. 서부산권으로 사상구/북구/강서구/사하구, 동부산권으로 남구/수영구/해운대구/기장군, 그리고 마지막으로 중심권으로 부산진구로 나눌 수 있다.

국내 최대의 해안 도시이자 항구도시임에도 이름에서 느껴지듯 산이 많은 도시이다. 심지어 해발고도 800m짜리 산 중턱에도 건물이 들어설 정도. 이러한 다양하고 역동적인 풍경을 보여주는, 상당히 개성 있고 특징이 뚜렷한 도시이고, 우리나라의 다른 대도시와 풍경과 느낌도 사뭇 다르다. 아마 한국에서 가장 개성이 강한 도시라고 보아도 무방하다.

파란만장한 근현대사 때문인지 스카이라인과 낡은 건물이 공존하여 브라질의 리우데자네이루처럼 부촌과 빈촌의 풍경 차이가 극단적이다. 심지어 동부산 최고의 부촌인 해운대구, 수영구, 남구에도 달동네가 있다. 하지만 꼭 동부산권이 아니어도 번화하거나 개발이 잘 되어있는 남포동/광복동, 서면 일대와 주거지 밀집 지역인 동래구, 금정구, 연제구와 북구 화명동, 사하구 다대동 등이 있긴 하다. 비수도권 최대 도시이다 보니 문화, 교육, 교통 등 생활 인프라가 수도권 다음으로 많이 갖추어져 있다. 특히 주변의 김해시, 양산시 등의 위성도시에는 상당한 영향력을 미치고 있다. 부산에는 관광객이 많아서 다양한 숙박시설이 많이 있는데 그중에서 호텔은 71개 9,652개의 객실을 보유하고 있다.

호캉스를 즐기기 좋은 5성급 호텔인 아난타 힐튼 부산, 롯데호텔 부산, 그랜드 조선 부산, 시그니엘 부산, 파라다이스 호텔 부산, 호텔 농심, 웨스틴 조선호텔 부산, 파크 하얏트 부산 등 8개가 있으며, 4성급은 아바니 센트럴 부산, 신라스테이 해운대, 코모도 호텔, 아스티 호텔 부산 등 4개가 있으며, 3성급으로는 호텔 아쿠아펠리스, 호메르스 호텔, 호텔 센트럴베이, 페어필드 바이 메리어트 부산 송도비치호텔, 타워힐 호텔, 베니키아 프리미어 호텔 해운대, 티티호텔, 페어필드 바이 메리어트 부산, 베니키아 프리어 마리안느 호텔, 이비스 앰배서더 부산시티센터, 호텔포레 프리미어 해운대, 스탠포드 인 부산 등 12개가 있다.

〈표 8-1〉 호텔 등급

구분	호텔	주소
5성급	아난타 힐튼 부산	기장군 기장읍 기장해안로 268-32
	롯데호텔 부산	부산진구 가야대로 772
	그랜드 조선 부산	해운대구 해운대변로 292
	시그니엘 부산	해운대구 달맞이길 30
	파라다이스 호텔 부산	해운대구 해운대해변로 296
	호텔 농심	동래구 금강공원로20번길 23
	웨스틴 조선호텔 부산	해운대구 동백로 67
	파크 하얏트 부산	해운대구 마린시티1로 51
4성급	아바니 센트럴 부산	남구 전포대로 133

	신라스테이 해운대	해운대구 해운대로570번길 46
	코모도 호텔	부산광역시 중구 중구로 151
	아스티 호텔 부산	동구 중앙대로214번길 7-8
	호텔 아쿠아펠리스	수영구 광안해변로 225
	호메르스 호텔	수영구 광안해변로 217
	호텔 센트럴베이	수영구 광안해변로 189
	페어필드 바이 메리어트 부산	서구 송도해변로 113
3성급	타워힐 호텔	중구 백산길 20
	베니키아 프리미어 호텔 해운대	해운대구 해운대해변로 317
	티티호텔	부산진구 새싹로 35
	페어필드 바이 메리어트 부산	해운대구 해운대해변로 314
	베니키아 프리미어 마리안느 호텔	해운대구 해운대해변로 310
	이비스 앰배서더 부산시티센터	부산진구 중앙대로 777

출처 : 호텔업등급관리국 2022년 자료

2. 아난타 힐튼 부산

부산 기장에 위치한 아난티 힐튼 부산은 KTX부산역에서 차로 35분, 김해국제 공항에서 차로 1시간 거리에 있다. 뿐만 아니라 해동용궁사까지 차로 5분, 해운대까지 차로 20분 거리에 있으며 센텀시티와 신세계 프리미엄 아울렛까지 차로 20분이면 갈 수 있어 관광과 쇼핑을 즐기기에도 편리하다.

국내 최고 수준의 리조트 호텔인 아난티 힐튼 부산은 1km가 넘는 기장군 천혜의 해안가를 따라 자리한다. 앞서 소개한 대로 해안가를 따라 힐튼호텔, 회원제 리조트 (아난티 펜트하우스), 프라이빗 레지던트, 아난티 타운, 워터하우스, 해변 산책로 등으로 구성되어 있다.

호텔 내에는 해안 경관이 파노라믹 뷰로 펼쳐지는 야외 인피니티 풀, 성인 전용 인피니티풀, 키즈 풀, 자쿠지 등이 마련되어 있으며, 그 외에 피트니스, 사우나, 테라피 룸, 미팅룸 등의 부대시설이 갖춰져 있다. 탁 트인 바다 전망을 감상할 수 있는

약 21평의 넓고 여유로운 객실에는 프라이빗 발코니가 마련되어 있다. 객실 내에는 50인치 LED HDTV, 에스프레소 머신, 힐튼 세레니티 베드 등이 있다. 올데이 다이닝 레스토랑인 '다모임'뷔페 레스토랑에서는 세계 각국의 다양한 요리를 맛볼 수 있다. 최상층에 위치한 '맥퀸즈 라운지'와 바에서는 바다 절경을 감상하며 식사를 즐길 수 있다. 그 밖에 스위트 코너 베이커리도 있다.

부산 힐튼 호텔은 아난티 힐튼 부산 안에 있는 호텔로, 객실뿐 아니라 인피니티 풀과 라운지 등 곳곳에서 오션뷰를 만끽할 수 있으며 여유로운 분위기가 느껴지고, 아난티 타운 안에서 모든 것을 해결할 수 있다는 장점이 있다. 기본 객실인 디럭스, 프리미엄 객실은 약 70㎡(발코니 포함)의 규모를 자랑하며 모든 객실에 프라이빗 발코니를 갖춰 오션뷰 또는 마운틴뷰를 감상할 수 있다.

수영장

객실

레스토랑

맥퀸즈 바

3. 롯데호텔 부산

부산 롯데 호텔은 롯데백화점 부산 본점 바로 옆에 자리하고 있으며 부산 1, 2호선 서면역 7번 출구에서 단 240m 거리에 있다. 부산 교통의 중심지에 위치해 있어 차로 약 20분이면 부산 KTX역을 갈 수 있으며, 차로 약 30분이면 해운대 해수욕장까지 갈 수 있다.

호텔에는 면세점, 백화점, 영화관, 외국인 전용 카지노 등이 위치하고 있어 편리하게 이용할 수 있다. 이외에 실외 수영장, 워터파크, 피트니스센터, 골프 연습장, 사우나 등이 있어 즐길 거리가 다양한다. 최신 시설을 갖춘 연회장과 비즈니스센터도 있어 효율적으로 업무를 볼 수 있다.

총 650개 객실을 보유하며, 국제적 미항인 부산항과 환상적인 부산 도심의 전경을 감상할 수 있다. 내부에는 에어컨, TV, 냉장고, 슬리퍼, 욕실이 갖춰져 있으며, 롯데 호텔과 시몬스에서 공동으로 개발한 더블 포켓 스프링의 해온 매트리스와 해온 침구 세트가 마련되어 있다. 별도로, 맞춤형 베게와 턴다운 서비스도 제공한다.

프리미엄 뷔페인 '라세느', 퓨전 중식당 '도림', 정갈한 한식당인 '무궁화', 일식당 '모모야마'와 같은 고급 레스토랑에서 색다른 미식 경험을 할 수 있다. 1층에는 '더 라운지 앤 바'와 베이커리인 '델리카한스'도 있다.

엘리베이터는 왼쪽은 고층 오른쪽은 저층 엘리베이터가 3개씩 있어서 빠르게 객실로 이동이 가능하다. 오래된 호텔이긴 해도 깔끔하게 잘 관리되어 있어서 고풍스러운 분위기도 느낄 수 있다. 객실에는 넓은 창문에 창가에는 아늑한 소파가 있으며, 일반적인 다른 호텔들에 비해 면적이 넓고 클래식하지만, 깨끗하며 고급스러운 인테리어를 했다. 욕실은 모던한 분위기 속에 욕조가 마련되어 있다. 피트니스 센터랑 사우나 실내 수영장 이용은 하루에 한 번씩 가능하다.

수영장

객실

로비

라세느

4. 그랜드 조선 부산

그랜드 조선 부산은 해운대 해수욕장 바로 앞에 위치하고 있으며, 부산 지하철 2호선 해운대역 3번 출구에서 도보 5분 거리에 있다. 주변 관광지로는 도보로 1분 거리에 SEA LIFE 부산 아쿠아리움, 차량으로 약 5분 거리에 누리마루 APEC하우스, 지하철로 세 정거장 거리에 신세계 백화점 센텀시티점이 있다.

호텔 내에는 헤븐리 풀(인피니티풀과 실내 수영장), 피트니스센터, 사우나, 스파 등의 부대시설이 마련되어 있다. 또한, 음악 콘텐츠 전문 상영 라운지 '오르페오', 현대적인 라이프 스타일의 휴식을 제공하는 '스파 오셀라스', 다채로운 문화 컨텐츠를 제공하는 '가나아트', 프리미엄 잉글리쉬 멤버십 클럽 'PRM 프로맘킨더 리저브', 프리미엄 아트 에디션 스토어 'L'EDITION ALLIANCE (에디션 알리앙스)', 커피숍 ' 스타벅스' 등도 만나볼 수 있다. 가족 동반 고객을 위한 키즈 서비스 프로그램인 조선 주니어는 웰컴 기프트, 키즈 어메니티(가운, 슬리퍼, 물컵, 배스 어메니티), 키즈 생일 이벤트 등을 제공하며, 키즈 전용 플로어에 위치한 렌딩라이브러리에서는 유모차, 아기 침대, 아기 욕조 등의 유아용품과 가습기, 공기청정기 등의 영유아 물품을 대여할 수 있다. 총 330개의 객실을 보유하고 있으며, 객실은 시티뷰와 오션 뷰로 구성되어 있다.

스위트 객실 이용 시 사우나 2인 무료 이용 및 그랑제이 프라이빗 라운지 입장이 가능한다. 그랑제이 라운지에서는 모닝타임의 커피와 티, 데이타임 스낵, 나잇타임 의 해피아워를 즐길 수 있으며, 조말론(Jo Malone) 어메니티를 제공한다.

다이닝 공간으로는 뷔페 레스토랑 '아리아', 최고급 중식 요리를 맛볼 수 있는 '팔 레드신', 낮에는 브런치 밤에는 칵테일과 진토닉을 즐길 수 있는 라운지바 '비치사이 드', 커피와 베이커리를 제공하는 '조선델리'가 있다.

수영장

레스토랑

로비

객실

5. 시그니엘 부산

시그니엘 부산은 엘시티(LCT) 타워 3층부터 19층까지 자리하고 있는 럭셔리 호텔이다. 부산 2호선 중동역 7번 출구에서 도보로 약 13분, 2호선 해운대역 1번 출구에서 도보로 약 15분 정도 소요된다. 해운대 해수욕장이 걸어서 약 10분, 해운대 달맞이길과 광안대교가 차로 약 10분 거리에 있다.

400평 규모의 인피니티 풀에서는 해운대 경치를 감상하며 카바나에서 휴식을 취할 수 있다. 실내에는 별도의 수영장과 고급 브랜드인 '샹테카이' 스파, 사우나 등이 마련되어 있다. 또한, 어린이 전용 놀이 공간인 '키즈 라운지', 투숙객 전용 라운지인 '살롱 드 시그니엘' 그리고 투숙객 전용 산책로 '가든 테라스'도 프라이빗하게 이용할 수 있다.

총 260실의 객실을 보유하고 있으며, 대부분의 객실 테라스에서는 해운대 해수욕장과 미포항 전경을 감상할 수 있다. 해운대 해변 바로 앞이라서 해변 접근성도 좋을 뿐만 아니라, 그랜드 조선 부산에서 파라다이스 부산으로 쭉 이어지는 해변 라인 뒤편으로 맛집들이 배치 되어 있기 때문에 식당 접근성도 좋다. 단점이라면

해운대 중심부이 아닌 해변 끝부분에 위치해 있다

모든 침구는 고급 브랜드 프레떼로 갖춰져 있으며, 별도로 맞춤형 베개와 턴다운 서비스, 신문, 다림질 서비스, 슈 폴리싱 서비스, 유무선 인터넷 서비스 등을 제공한다. '더 뷰'에서는 뷔페 식사를 먹을 수 있으며, 월드 클래스 스타 세프가 선보이는 타파스 & 바 '차오란', 에프터눈 티와 커피를 먹을 수 있는 ' 더 라운지', 간단한 스낵을 먹을 수 있는 '풀 바', 베이커리샵인 '페이스트리 살롱'이 있어 다양한 미식 체험을 할 수 있다.

수영장

로비

더 뷰

6. 파라다이스 호텔 부산

부산 해운대 해수욕장에 자리한 파라다이스 호텔 부산은 부산2호선 해운대역에서 도보로 약 10분, KTX 부산역에서 차로 약 50분 정도 소요된다. 부산의 대표 랜드마크인 센텀시티 신세계백화점, BEXCO 그리고 해운대 달맞이길 등이 모두 차로 약 15분 거리에 있다. 파라다이스호텔 부산은 부산 특급호텔 중 유일하게 해운대 바다를 한 눈에 바라볼 수 있는 테라스를 보유하고 있는 호텔로 부산 바다를 만끽하고 싶으신 분들에게 사랑받는 곳이다. 아침에 산책하기도 좋고 최근 뜨고 있는 바다열차도 도보 이동이 가능하다.

호텔 내에는 약 400평 규모의 실내 키즈카페가 마련되어 있다. 키즈 카페는 BMW 실내 드라이빙 센터, 웅진 북클럽 등의 공간으로 구성되어 있다. 또한, 바다 전망의 야외 수영장과 스파 공간 '오션 스파 씨메르', 사우나, 실내 골프장, 피트니스 센터 등도 갖춰져 있다. 바다 및 가든 뷰의 레스토랑 '온더플레이트'와 '닉스 그릴&와인', 음료를 즐길 수 있는 로비 라운지 '크리스탈 가든', 베이커리 '파라다이스 부티크' 등의 다이닝 공간이 있다. 그뿐만 아니라, 이그제큐티브 라운지와 라운지 파라다이스에서 티타임과 해피아워를 즐길 수 있다.

파라다이스호텔 부산에서 가장 무난하면서 인기 있는 객실이 바로 디럭스 오션뷰 객실이다. 객실은 은은한 조명과 어우러진 고급스러운 분위기로 호캉스를 보내기 좋다. 객실 안에는 개인 업무를 볼 수 있는 넓은 책상과 고급스럽게 준비된 미니바 가 있다. 넓은 욕조와 세면대의 폭이 넓어 편리하게 사용할 수 있으며, 욕실에는 배쓰 에머니티 5종과 칫솔 치약과 함께 필요한 필수품이 준비되어 있다.

객실

레스토랑

로비

수영장

7. 호텔 농심

온천 휴향형 특급 관광호텔인 농심 호텔은 동래 온천 중심부에 위치해 있다. 부산 1호선 온천장역 1번 출구에서 도보로 10분 거리에 있다. 주변 명소인 부산해양자연 사박물관과 금강 공원은 차로 약 3분 걸리며, 사직 야구장은 차로 약 15분이면 갈 수 있다. 또한 주변에는 부산해양자연사박물관이나 금강 공원, 부산국립대학교와 인접해 있다.

농심 호텔에는 대규모 온천인 허심청이 있으며, 이외에 피트니스센터, 비즈니스 센터, VIP 라운지 등이 마련되어 있다. 객실은 침대형과 온돌형으로 나뉘며, 욕실에 는 천연 온천수가 제공된다. 한식, 양식, 일식을 맛볼 수 있는 레스토랑과 카페, 바, 베이커리샵도 갖춰져 있다. 농심 호텔은 화려하거나 세련되지는 않지만 오래된 호 텔임에도 깨끗하게 관리되고 있다.

농심 호텔은 가격 대비 쾌적하고 편안한 시설을 갖추고 있는 곳으로 호텔 내에는 3개의 레스토랑과 3개의 라운지 바가 자리하고 있으며 매일 별도의 요금으로 유럽 식 아침 식사를 즐기기에 좋다. 24시간 룸서비스나 스낵바도 갖추고 있다.

호텔의 객실은 침대가 있는 일반적인 룸과 온돌이 혼합된 더블룸이 있어 원하는 스타일을 고르기에 좋다. 전용 욕실에는 샤워기가 달린 욕조가 달려 있으며 책상과 32인치 TV가 함께 있다. 객실은 비교적 방도 크고 넓은 편이며, 전통적인 분위기를 풍기는 인테리어로 분위기가 독특하다.

객실	레스토랑
로비	수영장

8. 웨스틴 조선호텔 부산

해운대 해수욕장 바로 앞에 있는 웨스틴 조선 부산은 부산 2호선 동백역 1번 출구에서 도보로 약 10분 거리에 있다. 동백섬까지 도보로 약 1분 소요되며, 걸어서 약 10분이면 누리마루 APEC 하우스와 SEA LIFE 부산 아쿠아리움을 갈 수 있다. 지하철로 두 정거장 거리에는 벡스코, 신세계 백화점 센텀시티점, 롯데 백화점 센텀시티점 등이 있으며 약 20분 소요되며, 김해공항까지는 차량으로 약 40분 소요된다.

웨스틴 조선 부산은 디럭스부터 프레지덴셜 스위트까지 7가지 유형, 총 290개의 객실을 보유하고 있다. 투숙객들은 특색 있는 해운대 해수욕장 전경을 제공하는 객실과 바다가 내려다보이는 피트니스 클럽, 실내 수영장, 사우나 등을 이용할 수 있으며, 로비 층에는 사무기기가 갖춰진 비즈니스 센터와 다양한 종류의 꽃을 구매할 수 있는 플라워 부티끄도 있다.

동백섬 또는 해운대 바다 전망을 감상할 수 있는 이 호텔의 모든 객실에는 TV와 개인 금고, 개별 냉난방 조절기, 냉장고, 커피머신 등이 갖춰져 있다. 2층에 위치한 이그제큐티브 라운지 '웨스틴 클럽'은 이그제큐티브 룸 투숙객에 한해 이용이 가능하며, 조식, 쿠키, 과일 등의 데이 타임 스낵, 간단한 안주류와 맥주, 칵테일 등에 제공되는 해피 아워 등의 서비스를 운영한다.

스위트 룸 고객에게는 런던 명품 브랜드 조말론(Jo Malone) 제품 어메니티를 제공한다. 호텔 내 '까밀리아' 뷔페 레스토랑에서는 해운대를 바라보며 다양한 요리를 먹을 수 있다. 국내 최초의 아이리쉬 펍인 '오킴스'에서는 프리미엄 생맥주와 브런치를 바다 전망의 테라스에서 맛볼 수 있다.

해변 층에 자리한 한식당 '셔블'에서는 전통 한식에서부터 퓨전 한식까지 다양한 메뉴가 제공된다. 이 밖에도 '파노라마 라운지'에서는 다양한 커피와, 차, 음료, 애프터눈 티를 먹을 수 있다. 베이커리샵은 실내에는 '조선델리'가 있으며 야외에는 테이크 아웃 전문인 '조선델리 비치'가 있다.

객실

레스토랑

로비

수영장

9. 파크 하얏트 부산

돛 모양을 형상화한 외관이 인상적인 파크 하얏트 부산은 부산 요트 경기장 바로 옆에 자리하고 있다. 부산 지하철 동백역 3번 출구에서 차로 약 5분, KTX부산역에서 차로 약 45분 거리에 있다. 또한, 해운대 해수욕장과 SEA LIFE 부산아쿠아리움까지 지하철로 한 정거장이면 갈 수 있고, 동백섬 공원까지 차로 약 10분 정도 소요된다.

파크 하얏트 부산 호텔은 건물 전체가 유리로 되어 있어 통유리창을 통해 해운대 바다와 광안 대교 전망을 감상할 수 있으며, 실내수영장, 피트니스센터, 스파 등의 다양한 부대시설도 마련되어 있다. 베이지 톤의 목재로 꾸며진 객실 내에는 르라보 어메니티가 비치되어 있으며, 미니바, 네스프레소 커피머신, 욕조 등이 완비되어 있다. 레스토랑 '다이닝룸'에서는 스테이크와 시푸드 음식을, '리빙룸'에서는 이탈리안 메뉴를 선보이고 있다. 로비의 라운지에서는 음료를 드시며 광안 대교의 야경을 감상할 수 있다.

호텔의 객실은 자연에서 영감을 받은 파크 하얏트 답게 전체적으로 컬러톤도 우드, 스톤을 쓴 게 인상적이다. 욕실이 무척 크며 어메니티는 르라보 제품을 쓰고 있다. 세면대가 두 개라 동행인과 나눠서 쓸 수 있어서 좋다. 욕실 한쪽에는 옷장과 함께 작은 드레스룸도 있다. 뿐만 아니라 욕조는 물론 샤워실도 있다.

객실

레스토랑

로비

수영장

제9장
신비한 제주로
가볼까?

1. 제주도의 특징

대한민국 최남단에 자리한 광역자치단체. 대한민국의 유일한 특별자치도며, 유일하게 모든 관할지역이 도서 지역이고 군(郡)이 없는 광역자치단체다. 한반도의 최남단 섬인 만큼 아열대기후에 가장 가까우며, 본토와 거리가 있는 섬이라 한반도 문화권 중에서 타 지역들과는 구분되는 독특한 문화를 갖고 있다. 덕분에 국내 관광산업에서 빼놓을 수 없는 지역이다.

제주도는 화산지형이기 때문에 물이 고이지 않고 대부분 지하로 스며드는 특징이 있다. 그러다 보니 제주도내 하천 대부분이 건천이고 산지천 등 일부 하천을 제외하고는 비가 오는 경우에만 물이 흐른다. 농사도 밭농사가 주를 이루며 논농사의 비중은 극히 적다.

여름 평균 기온은 많이 높은 편이다. 제주시의 8월 평균기온은 26.8℃, 서귀포시는 27.1℃로 대구(26.4℃)보다도 높다. 다만 대구와 달리 극단적으로 40도까지 올라가지는 않는다. 일최고 기온을 보면 제주(29.8℃)나 서귀포(30.1℃)보다는 대구(31.0℃)가 높고, 반대로 일최저 기온을 보면 대구(22.8℃)보다 제주(24.3℃)나 서귀포(24.6℃)가 높다. 다시 말하자면 폭염 자체는 대구보다는 덜하더라도 열대야는 대구보다 심하다. 제주는 동서남북 날씨가 모두 다르다. 기온으로만 설명할 수 없는 바다바람, 산바람이 있어서 남쪽의 서귀포가 도시인 제주시보다 훨씬 시원하다.

지리적으로 한라산이 유명하며, 돌하르방과 제주어를 비롯한 여러 가지 고유 유물들이 많다. 한국 신화의 보전 또한 잘 이루어진 곳. 앞에서 살짝 언급했듯 감귤을 비롯한 아열대 작물의 중심 재배지다. 이외에 바람, 돌, 여자가 많다는 뜻의 삼다도라는 이름으로도 유명하다.

제주에는 관광객이 많아서 다양한 숙박시설이 많이 있는데 그 중 호텔은 207개가 등록되어 있으며, 17,058개의 객실을 보유하고 있다. 호캉스를 즐기기 좋은 5성급 호텔인 제주 신라 호텔, 그랜드 하얏트 제주, 롯데 호텔 제주, 서귀포 칼 호텔,

그랜드 조선 제주, 라마다 프라자 제주 호텔, 해비치 호텔 앤 리조트 제주, 제주신화월드, 메종 글래드 제주 등 10개가 있으며, 4성급은 휘닉스 제주 섭지코지, 롯데시티호텔 제주, 오션스위츠 제주호텔, 제주 오리엔탈 호텔 앤 카지노, 더 스위트 호텔 제주, 켄싱턴리조트 제주중문, 호텔 토스카나, 신라스테이 제주, 호텔 휘슬락, 휘닉스 제주 섭지코지, 호텔 난타 제주, 호텔 리젠트마린 더 블루, 더 그랜드 섬오름, 제주 메이 더 호텔, 다인 오세아노 호텔, 골드원 호텔 앤 스위트 등 15개가 있다.

〈표 9-1〉 호텔 등급

구분	호텔	주소
5성급	제주 신라 호텔	서귀포시 중문관광로 72번길 7
	그랜드 하얏트 제주	제주 제주시 노연로 12
	롯데 호텔 제주	서귀포시 중문관광로 72번길 35
	서귀포 칼 호텔	제주 서귀포시 칠십리로 242
	그랜드 조선 제주	서귀포시 중문관광로 72번길 60
	라마다 프라자 제주 호텔	제주시 탑동로 66
	해비치 호텔 앤 리조트 제주	서귀포시 표선면 민속해안로 537
	제주신화월드	서귀포시 신화역사로 304번길
	메종 글래드 제주	제주시 노연로 80
4성급	휘닉스 제주 섭지코지	서귀포시 성산읍, 고성리, 127-2
	롯데시티호텔 제주	제주시 도령로 83
	오션스위츠 제주호텔	탑동 해안로 74

제주 오리엔탈 호텔 앤 카지노	제주도 제주시 삼도 2동 1197
더 스위트 호텔 제주	서귀포시 색달동 2812-10
켄싱턴리조트 제주중문	서귀포시 중문관광로72번길 29-29
호텔 토스카나	서귀포시 강정동 3700-4
신라스테이 제주	연동 274-16
호텔 휘슬락	서부두2길 26
휘닉스 제주 섭지코지	성산읍, 고성리, 127-2,
호텔 난타 제주	선돌목동길 56-2
호텔 리젠트마린 더 블루	서부두 2길 20
더 그랜드 섬오름	막숙포로 11
제주 메이 더 호텔	제주시, 구좌읍, 동복리, 1652-2
다인 오세아노 호텔	애월해안로 394
골드원 호텔 앤 스위트	이어도로 1032

출처 : 아고다

2. 제주 신라 호텔

제주 중문 관광 단지에 위치하고 있는 제주신라호텔은 사계절 휴양 리조트호텔이다. 해변가가 내려다보이는 쉬리의 언덕이 유명한 제주 신라 호텔은 중문관광단지 내 자리하고 있어 여미지식물원, 천제연폭포, 별 내린 전망대 등이 아주 가까운 거리에 있다. 또한, 제주국제공항은 차로 약 1시간 5분 거리에 있다.

제주의 자연을 느낄 수 있는 숨비 정원을 사이로 실내, 외 수영장과 따뜻한 온수 풀 및 자쿠지 스파를 즐기며 카바나에서 휴식을 취할 수 있다. 캠핑, 게임 등을 즐길 수 있는 레저 프로그램과 외에도 피트니스센터, 비즈니스 센터, 연회장, 아케이드 등이 마련되어 있다.

38개의 스위트 객실을 포함한 429개 객실을 보유하고 있으며 산, 정원 또는 바다를 감상할 수 있다. 객실 내부에는 TV, 냉장고, 에어컨, 금고, 슬리퍼 등이 완비되어 있으며 욕실에는 욕실용품, 비데, 헤어드라이어 등이 있다. 뷔페식당인 '더 파크뷰',

한식당 '천지', 일식당 '히노데'에서는 다양한 경험할 수 있다. 또한, 로비 라운지 '바당', 라이브러리 바인 '올래', '패스트리 부티크'도 갖춰져 있다. 울창한 야자수와 낮게 지어진 호텔건물과 야외수영장이 한눈에 바라다 보이는 모습은 이국적인 분위기를 느끼게 한다.

객실과 미니바 공간을 사이에 두고 욕실이 있는데 어메니티는 몰턴 브랜드를 사용하고 있으며, 내용물도 충분히 준비돼 있다.

수영장

객실

로비 라운지

더 파크뷰

3. 그랜드 하얏트 제주

그랜드 하얏트 제주는 제주국제공항에서 차로 약 10분가량 떨어져 있다. 주변 관광지로는 산책하기 좋은 한라 수목원이 차로 약 7분, 멋진 경관의 이호테우 해수욕장이 차로 약 12분, 구경거리가 가득한 동문수산시장이 차로 약 20분가량 소요된다. 호텔에는 아름다운 뷰를 감상하며 수영을 즐길 수 있는 인피니티 풀과 프리미엄 스파 뿐만 아니라, 키즈 아케이드, 피트니스 센터 등이 마련되어 있다. 또한, 컨시어지 서비스와 룸서비스, 와이파이 등 여러 서비스도 이용할 수 있다.

지하 5층부터 지상 38층으로 이루어진 호텔은 오션뷰와 마운틴뷰, 시티뷰를 즐길 수 있는 객실 총 1,600개를 보유하고 있다. 아늑하고 세련된 인테리어의 각 객실에는 스마트 TV, 개별 냉난방 시스템, 네스프레소 커피 머신 등이 준비되어 있으며, 욕실에는 고급 욕실용품과 헤어드라이어 등 편안한 투숙을 위한 시설이 완비되어 있다. 호텔 내 14곳의 레스토랑과 바에서는 한식, 중식, 일식 등 다채로운 요리를 맛볼 수 있다.

객실 역시 모던하고 심플한 느낌으로 인테리어가 되어 있다. 객실에는 소파와 고급 리클라이너 의자, 테이블까지 갖추고 있다. 창밖으로는 한라산부터 시작해서 제주 시내 그리고 바다에 모습까지 한눈에 보여 마치 전망 좋은 카페에 온듯한 기분이 느껴지게 한다. 침대 옆으로는 화장실과 욕실이 있으며, 욕실 안에는 커다란 욕조와 분리된 샤워실 그리고 세면대도 2개가 있다.

수영장

객실

바

레스토랑

4. 롯데 호텔 제주

제주 중문관광단지에 자리한 롯데호텔 제주는 제주국제공항에서 차로 약 80분 거리에 있으며 유료 리무진 서비스를 운영하고 있다. 천제연 폭포, 여미지식물원 등이 걸어서 10분, 중문색달해수욕장, 갯깍주상절리대 등이 걸어서 약 20분 내외의 거리에 있다.

호텔 내에는 사계절 온수 풀 '해온(海溫)', 프라이빗 카바나, 실내 수영장, 피트니스센터, 사우나, 웰니스 트리트먼트를 제공하는 'V스파' 등의 시설이 마련되어 있다. 또한, 호텔 8층에는 내국인도 구매가 가능한 루이비통 매장이 있다. 그뿐만 아니라, 어린이들의 놀이 체험을 위한 공간 '플레이토피아'에서는 패밀리 락 볼링장, VR체험 등의 다양한 액티비티를 즐길 수 있다.

총 500개 객실을 보유하고 있으며 객실에서는 오션뷰, 가든뷰, 마운틴 뷰 등을 감상할 수 있다. 특별한 테마 객실인 헬로키티 키즈 룸, 헬로키티 프린세스 룸, 헬로키티 레이디스 룸 등이 인상적이며, 풀빌라 스위트 등 다양한 타입의 객실로 구성되어 있다. 올데이 다이닝 레스토랑 '더 캔버스', 야외에 자리한 바&라운지 '풍차라운지'와 '카페 해온', 베이커리 '델리카 한스', 애프터눈 티를 제공하는 '페닌슐라' 등의 다이닝 공간이 마련되어 있다.

　객실은 클래식한 느낌의 가구와 침구가 잘 정돈되고 관리가 잘되서 클래식한 분위기를 느낄 수 있다. 모든 객실에는 테라스가 있으며, 수영장이 바로 보여 한 편의 그림 같다. 어메니티는 몰튼브라운 제품으로 샴푸 컨디셔너 바디워시 바디로션, 치약칫솔, 샤워 스펀지까지 구비되어 있다.

수영장

레스토랑

로비

객실

5. 서귀포 칼 호텔

서귀포 칼 호텔은 제주국제공항에서 차로 약 1시간 30분 거리에 있다. 주변 관광지로는 정방폭포가 차로 약 2분, 서귀포 매일올레시장과 이중섭 거리가 차로 약 5분 정도 소요된다. 제주도 남쪽 바다의 '거믄여 해안가'를 바라보며 드넓게 펼쳐진 이국적인 분위기의 야자수 정원, 고즈넉한 운치를 만끽할 수 있는 팔각정과 호반 옆의 워싱턴 야자수 길, 수목원에 와있는 듯한 솔밭 산책길과 어우러져 사계절의 향기를 담은 수목과 꽃들이 만개한 호텔 앞 길 산책로는 여유로운 정취를 즐기며 휴식할 수 있는 최적의 힐링 스팟이다.

호텔에서는 실내 수영장과 하절기에 운영하는 야외 수영장, 사우나, 피트니스센터가 마련되어 있으며, 연회장과 비즈니스 센터도 이용할 수 있다. 호텔은 바다 전망과 산 전망을 감상할 수 있는 객실 총 225개를 보유하고 있다. 호텔 내 다이닝 시설로는 조식 뷔페가 제공되는 '살레'와 디저트를 즐길 수 있는 '로비라운지', 카페 '허니문하우스', 페이스트리를 맛볼 수 있는 '델리'가 있다.

'살레'는 제주 방언으로 '음식을 놓아두는 찬장'을 말한다. 환상의 섬 제주의 화려한 전경을 바라보며 숙련된 셰프들이 제주의 청정 식재료로 준비하는 다채로운 메뉴들을 즐길 수 있다. 로비라운지에서 파노라마 전경을 바라보며 다채로운 음료와 디저트를 단품 및 세트 메뉴로 즐길 수 있다. 탁 트인 제주의 풍경과 따뜻한 채광이 어우러지는 여유로운 휴식 공간이다.

객실은 자연스런 분위기의 인테리어를 갖춘 스탠다드 객실은 더블, 트윈, 온돌 객실로 구성되어 있다. 객실에서는 제주도 푸른 바다 또는 한라산 전망을 감상할 수 있는 객실이다

수영장

객실

로비

살레

6. 그랜드 조선 제주

서귀포에 위치한 그랜드 조선 제주는 2021년 1월 8일에 개관한 럭셔리 리조트형 호텔이다. 제주 국제공항에서 차로 약 1시간, 제주 대표 관광지가 모여 있는 중문관광단지에 위치하고 있어, 중문 색달해변, 천제연폭포, 여미지식물원, 테디베어 뮤지엄 등을 도보로 이동할 수 있다.

그랜드 조선 제주는 제주의 바다를 닮은 넓고 고요한 객실, 6개의 레스토랑&바, 그리고 머무는 즐거움이 있는 사계절 온수풀, 피트니스, 스파, 키즈클럽을 가지고 있다.

본관 그랜드 조선제주는 '디럭스', '키즈 디럭스', '키즈 프리미어', '스튜디오 스위트', '프리미어 스위트', '럭셔리 스위트', '로얄 스위트', '프레지덴셜 스위트' 총 8가지 타입의 객실이 마련되어 있다. 기본 객실의 어메니티는 자연주의 브랜드 '꽁빠니 드 프로방스' 제품이 제공되며, 어린이 동반 고객에게는 어린이 전용 어메니티 프랑스 브랜드 '르 쁘띠 프랭' 제품을 제공하고 있다.

호텔 본관 1층에 위치한 아리아(Aria) 레스토랑에서는 뷔페식으로 조식/중식/석식을 먹을 수 있다. 이 외에도 루프탑에 위치한 이탈리안 레스토랑 루브리카

(Rubrica)에서는 중문 최고의 전망과 함께 로맨틱한 만찬을 즐길 수 있고, 루프탑에 위치한 풀 사이드 피크 포인트(Peak.)에서는 시그니처 칵테일 뿐만 아니라 다양한 음료와 스낵 메뉴를 제공하고 있다. 1층에 위치한 라운지앤바(Lounge & Bar)와 조선 델리(Josun Deli)에서는 라이브 재즈 공연과 함께 이국적인 정취를 즐기며 커피, 주류 및 베이커리를 즐길 수 있다.

어린이 동반 고객들을 위한 '조선 주니어(Josun Junior)' 프로그램을 통해 쿠킹 클래스/스페셜 케어 등 다양한 액티비티에 참여할 수 있고, '렌딩 라이브러리(Lending Library)' 서비스를 통해 유아용품, 여행 일반용품 등을 무료로 대여/사용할 수 있다.

객실

레스토랑

로비

수영장

7. 라마다 프라자 제주 호텔

제주시에 위치한 라마다 프라자 제주 호텔은 제주 공항에서 차로 단 10분 거리에 있다. 주변 관광지로는 용두암과 칠성로 쇼핑 상가까지 차로 약 5분, 삼성혈과 민속 자연사박물관까지 차로 약 10분 정도 소요된다.

라마다 프라자 제주 호텔은 북유럽의 초호화유람선(SILJA LINE)을 모티브로 독특한 디자인으로 설계되었으며, 호텔 내에 야외 및 실내 수영장, 사우나, 피트니스 센터, 다양한 규모의 연회장 등이 갖춰져 있다. 총 400개 객실을 보유하고 있으며, 바다 전망의 디럭스 트윈 객실, 온돌 객실, 어린이 공간이 분리된 '키즈 스위트' 등 다양한 타입으로 구성되어 있다. 다이닝 공간으로는 크루즈 분위기의 뷔페 레스토랑 '더 블루', 한식과 일식 메뉴를 선보이는 '탐모라', 로비 라운지 '스코트라', '블랙스톤즈' 바 등이 있다.

제주 전설의 섬 이어도를 최초로 발견한 영국의 상선 이름에서 유래한 로비라운지 '스코트라'에서는 항해를 하듯 바다를 바라보며 여행의 여유를 느낄 수 있다. 향기 가득한 라마다프라자의 시그니처 커피와 차를 비롯하여 월드셀렉션 와인리스트를 포함한 각종 주류와 시즌 음료가 제공된다.

뷔페 레스토랑 더 블루는 크루즈 선상 레스토랑에 있는 듯한 공간에서 최상의 요리를 즐길 수 있는 올데이 뷔페 레스토랑이다. 제주의 신선한 로컬 푸드를 이용한 다양한 세계 요리를 맛볼 수 있다. 최상급 그릴 프리미엄 스테이크를 포함하여 신선한 해산물, 다양한 세계 요리와 제주 스타일 한식까지 다양한 인터내셔널 메뉴를 계절별로 제공한다.

스탠더드 더블룸은 오붓하고 행복한 시간을 꿈꾸는 부부, 연인들이 이용하기 편리하도록 킹사이즈 더블 침대와 별도의 소파로 이루어진 객실이다. 스탠더드 트윈룸은 비즈니스 여행을 위한 편리함과 리조트 호텔 같은 휴식을 선사하는 다양한 기능을 제공하는 객실이다.

객실

레스토랑

로비 라운지

수영장

8. 해비치 호텔 앤 리조트 제주

제주 민속촌 바로 옆에 자리한 해비치 호텔 & 리조트는 근처에는 표선 해비치 해변도 있다. 차로 1시간이면 성산 일출봉까지 갈 수 있다. 아쿠아플라넷 제주와 섭지코지는 차로 50분 거리에 있다. 또한, 제주국제공항까지는 차로 1시간 30분이 소요된다.

야외 수영장은 실내로도 연결되며, 유아풀과 자쿠지(기포가 나오는 욕조)도 갖추었다. 이외에 스파, 사우나, 피트니스센터, 테니스 코트, 보드 게임존, 키즈 전용 놀이 공간과 엔터테인먼트 존 등 즐길 거리와 편의점, 소품샵 등 볼거리도 많다. 주차장에는 급속 3대와 완속 6대의 전기차 충전기를 보유하고 있다.

288실의 호텔 객실과 215실의 리조트 객실을 포함한 503의 객실을 보유하며, 최소 객실 면적이 47평방미터로 국내에서 가장 넓은 공간을 자랑한다. 호텔과 리조트형으로 나뉘어 있으며 내부에는 에어컨, TV, 냉장고, 전기 주전자가 있으며 욕실에는 비데와 욕실용품, 헤어드라이어 등이 구비되어 있다. 별도로, 리조트형에는 주방이 마련되어 있다.

호텔동과 리조트동 두 건물에 프렌치, 한식뿐 아니라 뷔페식으로 제공되는 레스토랑이 있으며, 실내외에 운치 있는 바, 신선한 음료와 베이커리를 제공하는 베이커리 샵 마고 등 다양한 먹거리가 있다.

객실

레스토랑

로비

수영장

9. 제주신화월드

가. 서머셋 제주신화월드

곶자왈 숲에 둘러싸인 제주의 전원생활을 서머셋은 일반 호텔 객실의 서너배에 달하는 154㎡의 넓은 공간에 3개의 침실, 2개의 욕실, 풀옵션 주방을 갖춘 이상적인 가족여행 숙소이다. 넓은 공간과 더불어 주방에는 와인 셀러, 식기세척기, 오븐, 대형 냉장고, 세탁기, 건조기 등 프리미엄 스마트 가전을 풀옵션으로 장착해 '브라이덜 샤워', '홈파티' 등을 위해서도 손색이 없다. 또한, 넉넉한 수납공간으로 제주 한 달 살기 등 장기 여행을 계획하기에도 좋다. 독립적인 출입구, 객실동 가까운 주차공간 등 프라이빗한 장점에 프리미엄 서비스까지 더해져 편안하고 럭셔리한 패밀리 베케이션을 경험할 수 있다.

객실

수영장

나. 메리어트관

메리어트관은 제주신화월드의 중심부에 자리 잡고 있는 세계적인 명성의 인터내셔널 체인 호텔이다. 객실에는 무료 미니바와 프리미엄 어메니티가 제공되며, 여럿이 함께 여행하기에 편리한 커넥팅룸이 마련되어 있다. 성산일출봉을 모티브로 디자인한 모실클럽하우스는 재충전의 시간을 선사한다. 제주신화월드를 대표하는 레스토랑으로 명성을 쌓은 한식, 중식, 일식 3곳의 파인다이닝과 여유로운 로비 라운지가 있다.

스카이 온 파이브 다이닝 뷔페 레스토랑에서는 한식부터 일식, 중식, 양식은 물론 제주 특산물을 사용한 스페셜 메뉴까지 환상적인 뷰와 함께 품격 있는 뷔페를 경험할 수 있다.

객실

다이닝

다. 랜딩관

랜딩관은 합리적인 가격으로 호텔의 서비스를 누리고 싶은 레저 여행자, 비즈니스와 휴식을 한꺼번에 추구하는 MICE 고객에게 최적화된 제주 호텔이다. 세련된 느낌을 자아내는 615개의 객실은 시몬스 프리미엄 베드가 주는 편안함과 함께 조명, 온도를 스마트하게 컨트롤 할 수 있어 편리함을 더했다.

랜딩관에는 사랑스럽고 달콤한 디저트로 가득한 베이커리 '랜딩 델리', 세계 여러 나라의 별미를 맛볼 수 있는 인터내셔널 뷔페 '랜딩다이닝' 등 가성비까지 고려한 F&B 부대시설을 갖추고 있으며, 호텔 안팎에는 제주 로컬 아티스트들의 작품을 전시해 제주의 정서를 담았다.

객실

10. 메종 글래드 제주

40여 년의 역사와 전통을 자랑하는 메종 글래드 제주는 제주 관광의 랜드마크로 서 제주 고유의 매력을 경험할 수 있는 호텔이다. 제주 국제공항에서 차로 약 10분 거리에 위치하여 교통이 편리하며, 주변 관광지로는 차로 20분 거리에 용두암, 삼성 혈, 민속 자연사 박물관 등이 있다. 2015년 9월에 제주그랜드호텔에서 메종 글래드 제주로 명칭을 변경했다.

호텔 야외에는 성인 전용의 인피티니풀과, 패밀리풀, 자쿠지(기포가 나오는 욕조) 가 갖춰져 있다. 제주 메종 글래드 호텔 수영장은 커플, 친구, 아이를 동반한 가족 여행객들에게 모두 인기 있는 호텔 수영장 으로 2021년 여름 새로 단장하여 더욱더 쾌적하게 운영되는 사계절 온수풀이다. 또한, 피트니스 센터와 사우나가 회원제로 운영되며, 스파, 글램핑 존, 멀티샵 '피렌체', '메종드누보 아베다살롱' 헤어 살롱 등 의 부대시설이 마련되어 있다.

총 513개의 객실을 보유하고 있으며, 디럭스부터 스위트까지 다양한 타입으로 구성되어 있다. 일부 객실은 바디 프렌드, 안다르 등의 인기 브랜드와 콜라보레이션을 하여 꾸며져 있다. 호텔 내에는 백가지 이상의 다양한 요리가있는 뷔페프리미엄 뷔페레스토랑 '삼다정'이 있으며, 갓포(割烹)란 간단하게 말해 칼과 불을 솜씨 좋게 다루어 즉석에서 만드는 요리를 뜻하는 갓포요리 전문 레스토랑 '갓포아키'가 있다.

　부대시설로는 놀이시설과 최고급 이탈리안 레스토랑이 결합된 프리미엄 키즈 카페 릴리펏, 청담동 앨리스 바에서 새롭게 런칭하는 라운지 바 '정글북by앨리스바' 등이 있다. 또한, 음료를 먹을 수 있는 공간으로는 '1964 백미당과 '카페 아티제'도 있다.

객실

레스토랑

로비

수영장

제10장
호텔 사용 설명서

1. 객실 이름에 따른 차이

여행을 떠나 호텔을 머물 계획이 있거나 혹은 호캉스(호텔+바캉스)를 즐기려는 계획을 세우고 있다면 호텔 예약은 필수이다. 그런데 호텔 예약을 하려다 보면 생소한 호텔 객실 종류 때문에 당황하거나 헷갈렸던 적이 한번은 있었을 것이다. 그런 사람들에게 도움이 될 만한 호텔 객실 종류에 대해 알아보자.

가. 등급에 따른 호텔 객실 종류

1) 스탠다드룸 (Standard Room)

- 일반적이고 표준적인 6~8평 정도 되는 보통 크기의 룸
- 호텔에서 가장 많이 보유하고 있는 객실 종류
- 호텔에 따라 룸 등급이나 부르는 용어가 다를 수 있어 '디럭스'나 '슈페리어'가 표준 룸일 수도 있음

2) 슈페리어룸 (Superior Room)

- 특급 호텔의 기본적인 룸, 스탠다드룸 보다 상위의 방
- 스탠다드룸에서 가구가 좀 더 추가되었거나 크기가 넓은 편
- 호텔에 따라 스탠다드가 없고, 슈페리어부터 있는 호텔도 존재.

3) 디럭스룸 (Deluxe Room)

- 슈페리어 보다 상위의 방
- 발코니가 포함될 경우 어떤 풍경이 보이느냐에 따라 가든뷰룸, 시티뷰룸, 씨뷰룸 등으로 나눔
- 개별 욕실과 각종 다양한 서비스 제공

4) 이그제큐티브룸 (Executive Room)
- 딜럭스룸 보다 상위의 방으로 큰 차이는 없음
- 조식이 다르거나 층수에서 차이가 남

5) 스위트룸 (Suite Room)
- 방과 거실이 분리되어 있는 객실
- 스위트(Suite)란 2실 이상의 연속객실이라는 뜻
- 적어도 욕실이 딸린 침실 한 개와 거실 겸 응접실 한 개 모두 2실로 구성
- 방이 따로 분리되어 있기 때문에 방이 넓고, 보통 좋은 층수에 위치

6) 패밀리룸 (Family Room)
- 가족끼리 또는 단체 숙박객이 이용할 수 있을 정도로 방 크기가 넓음

7) 커넥팅룸 (Connecting Room)
- 두 개의 객실 사이에 문으로 연결한 방.
- 가족이나 단체 숙박객이 많이 이용.
- 대부분 호텔에 아예 없거나 1~2개 정도만 보유.
- 휴양지 호텔에서 많이 볼 수 있음.

나. 침대에 따라 나뉘는 객실 종류

1) 싱글룸 (Single Bed Room)
- 싱글베드가 있는 1인용 객실
- 침대 표준규격은 길이 195cm × 넓이 90cm 이상
- 담요 규격은 길이 230cm × 넓이 170cm 이상
- 기준면적은 13㎡ 이상

2) 더블룸 (Double Bed Room)

- 대부분 호텔의 가장 기본적인 룸, 더블베드가 비치.
- 침대 표준규격이 길이 195cm × 넓이 138cm 이상,
- 담요 규격은 길이 230cm × 넓이 200cm 이상.

3) 트윈룸 (Twin Bed Room)

- 1인용 침대 2개가 비치되어 있는 객실.

5) 트리플룸 (Triple Room)

- 더블룸 또는 트윈룸에 침대 1개를 더 추가한 3인용 객실.
- 호텔마다 다르나 아예 방이 존재하지 않거나 개수가 적은 경우가 많음.

호텔마다 객실 종류는 매우 다양하며 부르는 명칭도 조금씩 차이가 있다. 하지만 기본적인 호텔 객실 종류는 위처럼 분류되니 이것들만이라도 숙지한다면 호텔 예약에 도움이 된다.

2. 체크인

체크인 (Check-in)은 사람들이 호텔, 공항, 병원, 항구, 행사, 등에 그들의 도착을 발표하는 과정을 말한다. 호텔에 가서 가장 먼저 해야 할 일은 체크인으로 체크인을 할 때는 호텔 카운터 직원이 예약 번호, 전화번호, 또는 이름과 생년월일로 예약 여부를 확인한다.

예약 확인 화면을 미리 인쇄하여 카운터 직원한테 제시하면 더 신속하게 체크인 처리가 될 수 있다. 가장 간편한 방법은 신용카드와 신분증(외국이면 여권)을 내밀면서 체크인해 달라고 하는 것이다.

모든 절차가 완료되면 카운터 직원은 객실 키와 방 번호와 (조식 포함일 경우) 조식 뷔페 안내 및 투숙 관련 정보를 간략하게 안내하면 체크인이 끝난다.

3. 데파짓

　체크인할 때 호텔 보안을 위한 투숙객의 신분 확인과, 신분 데이터 저장을 통해 체크아웃 시 요금 정산을 하지 않고 무단으로 호텔을 빠져나가거나 도주하는 것을 방지하기 위해서 고급호텔일수록 데파짓을 요구하는 호텔이 많다. 또한 호텔 내의 기물의 분실이나 파손을 예방하기 위해서도 데파짓을 요구한다.

　데파짓은 현금으로 십만원이나 백달러 가량을 받거나 신용카드로 미리 결제를 걸어놓은 후 체크아웃 시 문제가 없으면 자동으로 취소하는 경우가 일반적이다. 데파짓을 할 때 카드로 하게 되면 숙박료보다 많은 금액이 청구되었다 알림이 온다. 데파짓 요금은 체크 아웃을 할 때 자동으로 취소되므로 걱정하지 않아도 된다.

4. 객실 카드키

요즈음 고급호텔이라고 하면 보통 카드키를 사용하여 객실 출입을 하며, 일부 호텔은 카드키가 있어야만 엘리베이터를 이용할 수 있다. 따라서 엘리베이터를 타고 버튼을 눌렀는데 불이 안 들어 오면 버튼 밑에 있는 카드키를 대는 센서가 있으니 거기에 대면 된다.

대부분의 호텔에서는 객실 문을 열때 카드를 넣었다 빼는 슬라이드 방식이나, 카드를 도어락 부분에 터치하는 방식을 이용한다. 객실에 들어가면 바로 문 옆에 있는 카드키를 카드덱에 넣어야 전기가 들어온다.

카드키는 호텔 정책에 따라 차이가 있지만 특급 호텔의 경우 기념품으로 가져가도 문제 없다. 그러나 일부 호텔의 경우 카드 키를 분실하면 소정의 금액을 청구는 호텔도 있으니 카드키를 가지고 가고 싶으면 체크아웃하면서 가져가도 되는지를 물어서 확인해야 한다. 규정상 안되는 경우에는 카드 키를 가져가고 싶으면 얼마를 내야 한다고 알려준다.

카드키를 깜박 잊고 방안에 두고 나오거나 카드키를 잃어 버려서 문을 열수 없을 때는 당황하지 말고, 카운터에 가서 말하거나 각 층에 있는 프론트와 연락하는 전화기로 연락하면 담당 직원이 와서 스페어 키로 문을 열어 준다.

5. 층수 표시

호텔마다 층 표기가 다른데 어떤 호텔은 로비를 0층으로, 어떤 호텔은 L층이나 G층(Ground floor)으로 표기하기도 한다. 한국 및 중화권 국가 같은 경우는 4, 서구권 같은 경우는 13층이 없기도 하고 지하 1층, 혹은 로비와 지상층 사이에 LL(lower lobby)가 끼어들기도 하고 로비 층이 1층이 아니라 다른 고층인 경우도 드물지 않기 때문에 식당이나 로비를 가기 위해서 미리 확인해야 한다.

6. 미니바

　미니바는 객실 내에 조그마한 공간이나 냉장고에 음료수, 커피, 땅콩 등을 진열하고 판매를 하는 것을 말한다. 미니바에 있는 음료나 간식은 호텔 체크아웃 시 요금에 청구되며, 가격은 시중보다 4~5배 비싸기 때문에 웬만하면 밖에서 사 먹는 것이 좋다. 미니바의 음료를 빼는 순간 센서가 감지하여 청구 금액에 추가하는 경우도 있으니 먹지 않을 거면 무턱대고 음료에 손을 대서는 안 된다.

　만약 먹더라도 요금은 꼭 확인하고 밖에서 사다 먹는 것보다 유용하다면 먹어도 된다. 혹시라도 먹었다면 마트 가서 똑같은 제품으로 사다 놓으면 청구되지 않는 경우도 있으나, 똑같은 제품으로 다시 놓아도 요금을 청구하는 곳도 있다.

　냉장고 안이나 냉장고 위에 complimentary, free, 無料 등의 택이 달려있는 생수 2병만 무료로 마실 수 있으며, 택이 달려 있지 않은 생수는 유로로 사 먹어야 한다. 미니바 근처에 비치되어 있을 계산서나 미니바 카다로그를 살펴보면 품목과 가격이 적혀있으며 반대로 품목이 기입되지 않았다면 무료란 뜻이다. 보통 객실에서 무료로 제공되는 품목은 무료 생수 2병, 홍차, 녹차, 커피 등의 차 티백이나 믹스, 고급 호텔의 경우 캡슐커피 정도다. 특급 호텔 중에는 주류나 와인을 제외하고는 무료로 제공하는 호텔도 있으니 확인해야 한다.

7. 어메니티

어메니티(amenity)는 원래 손님의 편의를 꾀하고 격조 높은 서비스 제공을 위하여 객실 등 호텔에 무료로 준비해 놓은 각종 소모품 및 서비스 용품을 말한다. 호텔에서 제공하는 어메니티는 샴푸, 바디 워시, 로션, 비누, 칫솔, 치약 등이 비치되어 있다. 어메니티가 고객들의 눈 높이가 높아짐에 따라 점점 고급화되어 가고 있으며, 브랜드 제품을 사용하고 있는 추세다.

어메니티는 투숙객 자신만을 위해 제공된 것이므로 쓰다 남을 경우 가져가도 된다. 욕실 뿐만 아니라 미니바에 있는 티백, 물, 커피도 투숙객만을 위해 제공된 것이므로 마음껏 가져가도 상관없다. 그러나 욕실화, 타월, 가운 등 세탁 후 재사용되는 물건이나 드라이기, 미니바에서 제공되는 컵, 잔, 전기포트 등은 엄연히 호텔의 재산이므로 가져가서는 안 된다.

8. 뷔페 및 식사

호텔 뷔페는 3성 이하 호텔들은 조식만 뷔페를 여는 경우가 많으나 4성급 이상부터는 조식, 중식, 석식 뷔페를 운영하는 곳이 많다. 조식은 대부분의 경우 투숙객 전용이고 투숙과 함께 패키지로 제공되는 경우가 많았으나 호텔에 투숙하지 않은 일반인에게도 개방하는 호텔들이 많다.

조식에 제공되는 음식 종류는 중식이나 석식보다는 메뉴가 적고 간략하며, 호텔에 따라 베이컨, 소세지, 스크램블, 시리얼, 핫케이크, 모닝빵 등 단품 요리가 제공되기도 한다.

중식과 석식에서는 가지각색의 음식이 풀로 제공되며, 피자, 파스타, 스테이크, 갑각류, 해산물, 스시 등 수많은 메뉴를 제공하기 때문에 중식이나 석식만 먹으려고 호텔을 가는 경우도 있다. 중식과 석식을 뷔페로 이용하려면 비용을 지불하면 된다. 호텔 뷔페에서는 음료/주류는 제외되는 경우도 많다.

9. 부대시설

호텔의 부대시설은 로비의 소파, 로비 라운지, 카지노, 커피숍, 바, 편의점, 노래방, 헬스장, 수영장, 스파, 사우나, 스크린 골프장, 어린이 놀이방, 공연장, 미술관 등을 말한다. 5성급 호텔에서는 모든 부대시설을 갖춘 곳이 많으나 4성 이하부터는 일부만 갖추고 있다. 이중에서 호텔 로비는 열린 공간으로 소파, 로비 라운지는 호텔 투숙객은 물론이고 투숙하지 않는 사람도 누구나 이용할 수 있다. 그러나 라운지 중에는 별도의 요금을 내야 하거나 객실 등급이 높거나 우수 멤버 이상이어야 하는 경우도 있다.

부대 시설 중에는 투숙객에게는 무료로 제공되는 곳이 많지만, 투숙객이라도 유료로 운영하는 곳도 있다. 따라서 부대시설을 이용히고 싶으면 체크인 할 때 유료인지, 무료인지를 확인해야 한다. 카지노는 한국 법률에 따라 내국인의 도박행위는 금지되어 있기 때문에 국내 호텔에서는 카지노에 내국인 출입이 불가하다.

10. 체크아웃

투숙 기간이 종료되면 객실을 정돈하고 짐을 싸 로비로 내려와 체크아웃을 해야 한다. 체크아웃을 할 때는 미니바 사용요금을 정산하고, 객실의 이상 유무를 확인하고 신용카드로 결제한다. 정산할 것이 없으면 체크아웃이 끝나면 바로 퇴실해도 되지만, 정산할 것이 있으면 호텔 직원이 영수증 티켓을 보여주는데 그 영수증에는 객실 요금, 식사, 룸서비스, 부대시설 이용 등으로 인한 요금이 합산된 리스트가 적혀있으므로 꼼꼼히 확인하고 싸인 후 결제하면 된다.

미니바를 이용하지 않았는데 청구되는 경우는 무게나 적외선 감지 센서로 자동 과금되는 호텔에서 그냥 건드리기만 해도 과금이 될 수 있다. 그럴 때는 확인을 다시 요구해야 한다. 데파짓으로 현금을 낸 경우는 반드시 찾아가야 하며, 부대시설을 이용할 때 현장에서 결재했다면 체크아웃 후 바로 나가면 된다.

11. 세금과 봉사료

대부분의 호텔은 객실이나 식사 비용에 10% 부가가치세가 붙으며, 일부 호텔은 여기에 10% 서비스료(봉사료)를 추가로 붙인다. 봉사료의 기준은 호텔마다 다르고 시설이용료나 서비스(스파, 마사지 등)마다도 다르니, 멋모르고 메뉴에 나온 가격만을 보고 주문하다가 낭패를 볼 수 있으니 반드시 최종가를 확인해야 한다.

세금과 봉사료는 호텔 내의 모든 레스토랑이나 수영장, 사우나, 룸서비스 등 호텔 내의 모든 부대시설에 적용되며 가격표 하단에 작게 표기되어 있으니 꼭 확인해야 한다.

12. 호텔이 제공하는 서비스

호텔에서는 다양한 서비스를 제공하고 있다. 따라서 서비스를 잘 이용하면 아주 편리한 여행이나 휴식을 즐길 수 있다. 호텔에서 제공하는 서비스를 보면 다음과 같다.

1) 짐 보관 서비스

체크인 이전이나 체크아웃 이후라도 짧은 시간이면 카운터에서 짐을 보관해주는 서비스를 제공한다.

2) 택배물 보관 서비스

국내 여행을 갈 때 갈아입을 옷이나 책 등을 미리 호텔에 택배로 보내면 호텔에서 택배물을 받아서 보관해주는 서비스다.

3) 택배 발송 서비스

호텔을 체크 아웃하거나 여행에서 돌아갈 때 무거운 짐을 호텔에 맡기면 택배로 발송해주는 서비스다.

4) 공항 교통편 제공 서비스

호텔에 따라서 공항에서 호텔까지 직영 버스, 외부 버스 섭외, 택시 섭외등 다양한 방법 중 하나를 호텔의 사정에 맞춰 제공하는 서비스를 말한다.

5) 레이트 체크아웃

호텔을 너무 피곤해서 숙소에서 쉬었다 나가고 싶거나 일정이 애매할 때 퇴실 시간보단 늦게 나갈 때 사용하는 서비스로 대부분은 유료로 할 수 있다.

6) 얼리 체크인

호텔에 일찍 도착하여 예약한 객실에 일반적인 입실 시간보다 몇 시간 이르게 방에 들어가는 서비스로 호텔에 따라서 무료로 해 주는 경우도 있고, 유료로도 서비스를 제공받을 수 있다.

7) 컨시어지 서비스

호텔 주변의 관광 서비스의 안내 및 관광 패키지의 예약 대행, 호텔 주변 고급 식당의 예약 등의 고급 서비스를 말한다.

8) 전자기기 대여 서비스

게임기나 충전기 등을 대여해 주는 서비스를 말한다.

9) 모닝콜 서비스

원하는 시간에 모닝콜을 해주는 서비스를 말한다.

10) 짐 운반 서비스

호텔에 도착해서 체크 인을 끝내고 방으로 가방을 들어다 주는 서비스로 통상적으로 1,000원이나 1달러를 팁으로 준다.

11) 발렛파킹 서비스

대부분의 특급호텔에서 시행하는 서비스로 차를 호텔 입구에 대면 직원들이 차를 대신 주차해 주는 서비스를 말한다. 발렛파킹 서비스는 주차를 직접 하지 않아도 좋으나 유료로 진행된다.

12) 우산 대여 서비스

비가 오면 무료로 우산을 빌려주는 서비스를 말한다.

13) 무료 음료 제공 서비스(Welcome Drink Service)

고급 호텔 중에는 손님이 체크인을 하게 되면 환영한다는 의미에서 무료로 쥬스나 탄산음료를 서비스로 제공한다.

14) 드라이클리닝 서비스

세탁기가 있는 경우에는 직접해도 되지만, 세탁기가 없는 경우에 옷을 드라이크리닝과 다림질을 할 때 유료로 제공되는 서비스를 말한다.

13. 가성비 좋은 호텔 예약 방법

호텔을 예약하는 방법은 크게 2가지가 있는데 하나가 호텔 예약 사이트에서 예약하는 방법과 호텔 공식 홈페이지를 통하여 예약하는 방법이다. 일반적으로 호텔 예약 사이트를 이용하면 호텔 공식 홈페이지를 통한 예약보다 저렴하고 편리하기 때문에 호텔 예약 사이트를 통한 예약을 선호한다. 인터넷 호텔 예약은 대부분 글로벌 기업이 운영하며, 한국어 페이지도 구비하고 있다.

호텔을 예약할 때 편리하게 사용하는 사이트는 아고다나 호텔스닷컴, 부킹닷컴, 익스피디아 등이 있다. 이중에서 아고다는 항공권과 연계해서 예약할 수도 있으며, 가장 많은 숙소를 검색할 수 있다.

아고다를 이용하여 숙소를 예약하는 방법은 먼저 아고다에서 여행지를 선택하고 숙박이 시작되는 날과 퇴실하는 날을 선택하고 여행 인원을 선정하고 검색하면 예약이 가능한 상품들이 나오며, 그 중에서 여행치료를 효과적으로 할 수 있는 곳을 선택하면 된다.

호텔 예약 사이트에서 예약할 때 같은 방이라도 가격 차이가 발생하는데 다음과 같은 이유로 인하여 발생한다.

1) 등급의 차이

숙소의 가격 차이는 여러 가지 조건에 따라 다르나 통상 급수에 의하여 차이가 난다. 그리고 숙소의 규모, 부대시설, 실내면적, 서비스의 질 등도 등급에 영향을 미치며 당연히 판매가격에 반영된다.

2) 숙소의 위치

개인적으로 갔을 때는 위치가 여행을 다니기에 적합한가를 고려해야 교통비와 시간을 줄일 수 있다.

3) 방의 사용 인원에 따른 차이

트윈, 더블, 트리플(정식 트리플룸인가 엑스트라베드인가)에 따라서 요금이 차등됨으로 사전에 여행 상품을 계약할 때 가족여행의 경우에는 지불 가격과 사용하는 객실 수 및 침대 수를 명확히 해야 현지에서의 불편이 없다.

4) 전망

보통 해변의 리조트 등은 전망이 많은 부분을 좌우한다. 전망이 좋은 방이 비싼 것은 당연한 일이다. 전망이 나쁠수록 가격이 저렴하다.

5) 조식 포함

호텔의 조식은 아메리칸 브랙퍼스트(American Breakfast. 줄여서 A/B)를 제공한다. 조식을 제공하지 않는 호텔은 아침부터 외부로 나가 식사를 해야 하기 때문에 불편하지만, 가격은 저렴하다.

제11장
호텔 멤버십

1. 호텔 멤버십의 정의

최근 호텔 산업은 코로나 19 펜데믹의 영향으로 인하여 심각한 수익성 저하와 성장에 어려움을 격고 있다. 특히 2012년부터 2016까지 한시적으로 시행된 「관광 숙박시설 확충을 위한 특별법」 등의 영향으로 호텔의 증가와 객실의 양적인 팽창으로 호텔기업의 경쟁은 더욱 심화되고 있다. 이처럼 급변하는 시장 환경에서 호텔기업이 경쟁에서 이기고 살아남기 위한 수단으로 우수한 고정 고객 확보와 안정된 수익을 얻을 수 있는 호텔 멤버십 제도가 중요한 도구로 부각 되고 있다.

호텔 멤버십 제도는 기존의 단순한 고객 확보를 목표로 하는 마케팅 활동과는 다르게 기존의 고객을 유지하면서 구매 빈도를 높이고 반복 구매를 증가시키기 위해 멤버십 고객에게 특별한 서비스를 보상하는 마케팅 활동을 말한다.

호텔 멤버십 제도는 미국 시장에 있어서 1980년대 객실점유율이 떨어지자 일부의 호텔에서 항공사의 상용 고객우대제도를 모방하여 호텔에 상용 고객우대제도를 도입하여 적용하여 객실 점유율을 높였다. 미국은 호텔 멤버십 제도가 효과를 보자 1980년대 중반기부터 호텔 멤버십 제도를 적극적으로 호텔들이 도입하였고 다른 나라에도 확산되어 우리나라에도 도입되었다. 현재 국내 특급호텔을 중심으로 호텔 멤버십 제도는 잠재 고객을 고정 고객으로 전환하는 목적으로 운영하고 있다.

호텔 멤버십 서비스에 따른 고객의 혜택은 멤버십 서비스가 제공하는 다양한 경제적 보상 형태로도 존재하지만, 정서적 혜택도 존재한다. 고급 호텔, 고급 레스토랑, 고급 골프 시설의 멤버십은 소유하고 있다는 사실 자체만으로도 과시적인 소비 성향이 큰 고객에게는 우월적인 만족감을 느끼게 한다. 뿐만 아니라 업무차 자주 호텔을 이용하는 고객들에게는 호텔 멤버십 서비스를 이용함에 따라 비용의 절감과 함께 차별화된 호텔의 서비스를 제공받을 수 있는 장점이 있다. 이러한 이유로 호텔 멤버십을 찾는 고객들이 증가하고 있다.

  일반적으로 고객을 새롭게 유치하는 것이 기존고객을 이탈 없이 유지하는 것보다 5배에서 6배의 비용이 발생한다고 한다. 이러한 점을 고려할 때 호텔 멤버십 제도는 고객의 다양한 욕구를 충족시키고 지속적이고 체계적인 고객관리 차원에서도 그 중요성이 증가하고 있다.

  특히 호텔기업이 관심을 기울이고 있는 유료 멤버십프로그램은 가입 고객들에게 입회금액보다 더 많은 서비스를 이용할 수 있는 특별한 혜택을 제공함으로써 회원 확대와 다른 호텔을 이용할 고객을 선점하는 효과가 있으며, 고객이 사전 지불한 금액을 재무적으로 활용하는 장점이 있다. 이러한 측면에서 호텔들은 다양한 유료 멤버십 상품 타입을 개발하고 판매하는 데 노력을 기울이고 있다.

  그러나 호텔의 일반 서비스 상품과 달리 멤버십 회원들에게 제공하는 객실 및 부대 서비스는 제공하는 프로그램에 따라서 서비스의 형태나 품질이 달라질 가능성이 있고 고객이 느끼는 만족감도 달라질 수 있다. 이러한 요인은 멤버십 프로그램 만족도 및 재 구매에 영향을 미칠 수 있다. 따라서 호텔 멥버십을 직접 운영하는 호텔도 있지만, 업무의 전문성과 마케팅 효과를 높이기 위하여 외부 기관에 컨설팅을 의뢰하기도 한다.

2. 워커힐 호텔앤리조트의 워커힐 프레스티지 클럽

　워커힐 프레스티지 클럽은 워커힐 호텔앤리조트에서 운영하는 멤버십으로 호텔 서비스를 이용하는 회원에게 다양한 혜택을 제공하는 워커힐 고유의 고객 특전 프로그램을 말한다.

　워커힐 프레스티지 클럽은 오크, 메이플, 노블 파인 등 3가지 유형의 멤버십이 있다. 오크는 연회비가 450,000원(부가세 포함)이며, 메이플은 연회비가 1,100,000원(부가세 포함)이며, 노블 파인은 연회비가 1,600,000원(부가세 포함)이다.

오크형의 특전을 보면 다음과 같다. (옵션 선택: 객실형/혼합형/식음형)

구분	특전
연회비	45만원

객실	**객실형**
	• 딜럭스 룸(그랜드) 숙박권(1박) 2장
	※딜럭스 룸(그랜드) 선택 시, 포레스트 파크 2인 이용권
	   (입장 only) 1매 추가 제공
	• 딜럭스 룸(비스타) 숙박권(1박) 선택시 연회비 5만원 추가하면
	   객실 View 업그레이드 이용권
	혼합형
	• 딜럭스 룸(그랜드) 숙박권(1박) 1장

F&B	**혼합형** • 식음료 10만원 이용권 2장 **식음형** • 식음료 10만원 이용권 4장 • 워커힐 HMR 상품 교환권 1장
갱신	• 식음료 5만원 이용권 1장
객실 할인	• Daily Rate 주중 20% / 주말 15% 할인 • 객실 패키지 5% 할인
식음료 할인	• 온달(한식당), 금룡(중식당), 더뷔페(뷔페 레스토랑), 명월관(한우 숯불구이 전문점/별채 제외), • DEL VINO(이탈리안 레스토랑), MOEGI(일식당), 금룡(삼일빌딩점)
가족 연회 행사 할인	• 식음료 요금 5% 할인

메이플의 특전을 보면 다음과 같다. (옵션 선택: 객실형/식음형)

구분	특전
연회비	110만원
객실	**객실형** • 클럽 스위트 OR 주니어 코너 스위트룸 1박 숙박권(조식포함) 1장 • 딜럭스 스위트 OR 비스타 딜럭스룸 1박 숙박권(조식포함) 2장 • 객실 View 업그레이드 이용권 **식음형** • 딜럭스 스위트 OR 비스타 딜럭스룸 1박 숙박권(조식포함) 1장
F&B	**객실형** • 식음료 10만원 이용권 2장 **식음형** • 식음료 10만원 이용권 6장 • 워커힐 HMR 상품 교환권 2장
갱신	• 식음료 10만원 이용권 1장
부대시설	**객실형** • 포레스트 파크 2인 이용권(입장 only)
식음료 할인	• 온달(한식당), 금룡(중식당), 더뷔페(뷔페 레스토랑), 명월관(한우 숯불구이 전문점/별채 제외), • DEL VINO(이탈리안 레스토랑), MOEGI(일식당), 금룡(삼일빌딩점)
가족 연회 행사 할인	• 식음료 요금 5% 할인

노블 파인의 특전을 보면 다음과 같다. (옵션 선택: 객실형/식음형)

구분	특전
연회비	160만원
객실	**객실형** • 클럽 스위트 OR 주니어 코너 스위트룸 1박 숙박권(조식포함) 2장 • 딜럭스 스위트 OR 비스타 딜럭스룸 1박 숙박권(조식포함) 2장 • 객실 View 업그레이드 이용권 2장 **식음형** • 클럽 스위트 OR 주니어 코너 스위트룸 1박 숙박권(조식포함) 1장 • 딜럭스 스위트 OR 비스타 딜럭스룸 1박 숙박권(조식포함) 1장
F&B	**객실형** • 식음료 10만원 이용권 2장 **식음형** • 식음료 10만원 이용권 6장 • 워커힐 HMR 상품 교환권 2장
갱신	• 식음료 10만원 이용권 1장
부대시설	**객실형** • 포레스트 파크 2인 이용권(입장 only)
식음료 할인	• 온달(한식당), 금룡(중식당), 더뷔페(뷔페 레스토랑), 명월관(한우 숯불구이 전문점/별채 제외), • DEL VINO(이탈리안 레스토랑), MOEGI(일식당), 금룡(삼일빌딩점)
가족 연회 행사 할인	• 식음료 요금 5% 할인

모든 쿠폰은 카드에 내장되어 있으며, 이용 시에는 반드시 카드를 제시해야 한

다. 멤버십 쿠폰의 자세한 사용 방법에 대해서는 가입 후 받아보는 e브로슈어 및 홈페이지 내 '쿠폰 사용 설명서'를 참조하면 된다. 가족 1인에 한하여 가족관계 증명 후 가족카드가 무료로 발급된다. 가족카드는 회원 본인 카드의 부가 서비스 형태로 제공되는 혜택이며 본인/가족카드는 동일한 날짜 및 장소에서 중복 사용할 수 없다.

레스토랑 이용 시, 쿠폰 사용 및 할인은 각 테이블당 회원 카드 1개에 한하여 1회 적용되며, 테이블을 분할하거나 2개 이상의 카드로 중복 사용할 수 없다. 투숙 시 쿠폰 사용은 1객실당 회원 카드 1개의 혜택을 적용할 수 있으며 2개 이상의 카드로 중복 사용할 수 없다.

갱신 쿠폰은 멤버십 유효기간 만료일 이후 1개월 이내 재가입하는 경우 혹은 유효기간 만료일 이내 본인 명의로 추가 구매하는 경우에 한하여 제공된다.

객실 숙박권은 산 전망에 한하며 리버뷰(한강 전망) 이용 시 추가 요금을 지불해야 한다. 단 객실 예약 상황에 따라 이용이 제한 될 수 있다.

객실 숙박권은 홈페이지를 통해 예약이 가능하며, 하나의 쿠폰으로 중복 예약은 불가능하다.

객실 View 업그레이드 이용권은 멤버십 숙박권 또는 멤버십 혜택 요금(객실 패키지 추가 5%, Daily Rate 주중 20%/주말 15% 할인) 투숙 시 1객실 1박에 한하여 리버뷰로 업그레이드가 가능하다.

포레스트 파크 이용권은 쿠폰 1매 이용 시에만 최대 2인까지 추가 유료 입장 가능하며, 특정 요일 또는 특정 날짜, 특별한 프로모션(Special Promotion) 시 쿠폰 이용이 제한될 수 있다.

워커힐 프레스티지 클럽 관련 문의 1670-0005 (평일 09:00 ~ 18:00)

3. 더 플라자 호텔의 플래티넘 멤버십

플래티넘 멤버십은 럭셔리 부티크 호텔 더 플라자 호텔에서 운영하는 멤버십으로 호텔 서비스를 이용하는 회원에게 특별한 시간을 풍족하게 만들어줄 다양한 혜택을 제공하는 고객 특전 프로그램을 말한다.

플래티넘 멤버십은 플래티넘, 플래티넘 프리미어(객실형 / 식음형), 플래티넘 시그니처(호텔형 / 리조트 & 골프형) 등 3가지 유형의 멤버십이 있다. 플래티넘은 연회비가 490,000원(개인/법인)이며, 플래티넘 프리미어는 연회비가 800,000원(개인), 플래티넘 시그니처의 연회비는 1,700,000원(개인)이며, 부가세 포함된 금액이다.

플래티넘 멤버십의 특전을 보면 다음과 같다.

구분	특전
객실	• 선택사항(2가지, 1개월 이내 변경 가능, 중복 선택 가능) - 호텔 디럭스 룸 무료 숙박권 1매 - 뷔페 2인 식사권 1매 - 5만원 이용권 2매 • 더라운지 음료 2인 이용권 1매 • 레스토랑 2인 코스 메뉴(뷔페 포함) 50% 할인권 1매 • 객실 우대권 1매
법인	• 5만원 이용권 2매

플래티넘 프리미어 멤버십의 특전을 보면 다음과 같다.

구분	특전
객실	• 호텔 클럽 프리미어 스위트 무료 숙박권 1매 • 호텔 디럭스 룸 무료 숙박권 1매 • 더벨 스파 이용권 1매 • 5만원 이용권 2매 • 레스토랑 2인 코스 메뉴(뷔페 포함) 50% 할인권 1매 • 엑스트라 베드 무료 이용권 1매 • 발레파킹 이용권 2매 • 객실 레이트 체크아웃 14시 이용권 2매 • 객실 우대권 2매
식음형	• 도원 주말 특선 코스 메뉴(사랑) 2인 이용권 1매 • 뷔페 2인 식사권 2매 • 세븐스퀘어 와인 1병 이용권 1매 • 더라운지 애프터눈티세트 2인 이용권 1매& 스파클링 와인 2잔 • 5만원 이용권 2매 • 레스토랑 2인 코스 메뉴(뷔페 포함) 50% 할인권 1매 • 콜키지 무료 이용권 1매 • 더 플라자 블랑제리 케이크 무료 이용권 1매 • 더 플라자 블랑제리 커피 2인 이용권 1매

플래티넘 시그니처 멤버십의 특전을 보면 다음과 같다.

구분	특전
호텔형	• 프레스티지 스위트 무료 숙박권 1매 • 도원 양장따쮸 2인 이용권 1매 • 시그니처 파인 다이닝 2인 코스메뉴 이용권 1매 (도원, 워킹온더 클라우드, 슈치쿠, 백리향) • 5만원 이용권 3매 • 뷔페 2인 식사권 1매 • 더 플라자 블랑제리 케이크 이용권 1매 • 레스토랑 2인 코스 메뉴(뷔페 포함) 50% 할인권 1매 • 사우나 이용권 2매 • 엑스트라 베드 무료 이용권 1매 • 객실 우대권 2매 • 콜키지 무료 이용권 1매 • 가족카드 무료 발급 1매
리조트 & 골프형	• 프레스티지 스위트 무료 숙박권 1매 • 한화리조트 1박 무료 숙박권 2매 • 선택사항 (택 1) – 해비치호텔 & 리조트 제주 숙박권 2매 or 정선 파크로쉬 숙박권 2매 – 골프 무료 그린피 이용권 4매 & 클럽하우스 10만원권 1매 • 뷔페 2인 식사권 1매 • 레스토랑 2인 코스 메뉴(뷔페 포함) 50% 할인권 1매 • 5만원 이용권 2매 • 더 플라자 블랑제리 케이크 이용권 1매 • 객실 우대권 2매 • 콜키지 무료 이용권 1매 • 엑스트라 베드 무료 이용권 1매 • 가족카드 무료 발급 1매

객실 쿠폰은 사전 예약 시에만 적용 가능하며, 객실 예약 상황에 따라 이용이 제한될 수 있다. 이용 제외일은 2022년 12/24, 25, 31, 2023년 12/23, 24, 25, 30, 31일 이다.

클럽라운지는 만 13세 이상 부모 동반하에 입장 가능하며, 객실 우대권은 하기 명시된 우대 금액으로 객실 예약이 가능하다. 디럭스 룸은 주중(월~목)은 15만원이며, 주말(금~일)은 18만원이다. 프리미어 스위트는 주중(월~목)은 20만원, 주말(금~일)은 23만원이다.

뷔페 식사권 사용처는 더 플라자 세븐스퀘어, 63레스토랑 파빌리온(사전 예약 및 확인 필수)이며, 레스토랑 2인 코스 메뉴(뷔페 포함) 50% 할인권 사용처는 더 플라자의 도원, 세븐스퀘어이며, 63레스토랑에서는 슈치쿠, 백리향, 워킹온더클라우드, 파빌리온 등이다. 단 코스 메뉴는 한정이며, 파인 다이닝의 스페셜데이는 제외되며, 테이블 기준 쿠폰 1매 사용 가능하다.

금액 이용권 사용처는 더 플라자 호텔, 63레스토랑, 도원스타일, 티원 등이다. 공통 특전을 보면 다음과 같다.

회원 등급	더 플라자 호텔	63레스토랑, 티원, 도원스타일, 백리향스타일
플래티넘	인원 수 별 할인	15% 할인
프리미어	인원 수 별 할인	15% 할인
시그니처	인원 수 별 할인	인원 수 별 할인

사용처는 더 플라자 호텔에서는 도원, 세븐스퀘어 등이며 63레스토랑에서는 워킹온더클라우드, 슈치쿠, 백리향, 파빌리온 등이며, 티원에서는 서울역점, 연세대점 등이며, 도원스타일에서는 압구정점, 무역센터점, 목동점, 천호점, 더현대서울점 등이며, 백리향스타일에서는 동탄점이 가능하다.

레스토랑 기타 할인은 다음과 같다.

베이커리 할인(더 플라자 블랑제리 15%, 63베이커리 10%), 호텔 MD레스토랑 (주옥, 디어와일드, 더라운지, 르 캬바레 시떼)에서는 10% 할인이 제공되며, 호텔, 63레스토랑에서는 음료 10% 할인이 제공되며, 르 캬바레 시떼 양주 Bottle 이용시 15% 할인이 제공되며, 호텔 가족연회 식음료는 30인 이상 행사 한정 5% 할인과 2단 케이크가 추가 제공되며, 63레스토랑 터치더스카이 10% 할인된다.

객실 특전에서는 시즌 패키지 15% (법인회원 제외)할인이 제공되며, 객실 연중 상시 15% 할인된다. 기타 특전으로는 호텔 PB 상품 P-Collection 20% 할인, 지스텀 플라워숍 15% 할인, 더벨 스파 (더 플라자점) 10% 할인, 한화리조트 객실 기준 요금의 추가 할인 제공되며, 워터피아 30%, 스프링돔 30% 할인 (본인 포함 5인) 제공되며, 로얄새들 승마클럽 1회 기승권 10% 할인 (본인 포함 5인) 제공되며, 제이드가든 수목원 20% 할인 (본인 포함 5인) 제공된다.

더 플라자 호텔 플래티넘 멤버십 문의 T. 02 310 7183

4. 그랜드 인터컨티넨탈 서울 파르나스와 인터 컨티넨탈 서울 코엑스의 아이초이스 멤버십

아이초이스는 그랜드 인터컨티넨탈 서울 파르나스와 인터컨티넨탈 서울 코엑스를 즐겨 찾는 고객들께 객실과 레스토랑 할인 및 그 외 다양한 혜택을 제공하는 멤버십이다. 가입과 동시에 호텔 1박 숙박권과 레스토랑 이용권 등이 제공된다.

구분	아이초이스 스마트	아이초이스 골드	아이초이스 플래티넘
연회비	49만원(부가세 포함)	75만원(부가세 포함)	120만원(부가세 포함)
레스토랑 할인 횟수	24회	48회	무제한
상품권 혜택	• '클래식 룸' 무료 숙박권 1매(그랜드 인터컨티넨탈 서울 파르나스 또는 인터컨티넨탈 서울 코엑스) • 객실 우대요금(BFR) 40% 할인권 3매 • 레스토랑 5만원 이용권 2매 • 주중 뷔페 1인 이용권 1매 • 커피 2잔 이용권 1매 • 하우스 와인 교환권 1매	• 클럽 인터컨티넨탈 혜택이 포함된 '클래식 룸' (그랜드 인터컨티넨탈 서울 파르나스) 또는 '클럽 클래식 룸' (인터컨티넨탈 서울 코엑스) 무료 숙박권 1매 • 객실 우대요금(BFR) 40% 할인권 3매 • 레스토랑 5만원 이용권 4매 • 레스토랑 2인 식사 50% 할인권 1매 • 브런치 2인 식사 30% 할인권 1매 • 하우스 케이크 교환권 2매	• '클럽 주니어 스위트' (그랜드 인터컨티넨탈 서울 파르나스) 또는 '클럽 클래식 룸' (인터컨티넨탈 서울 코엑스) 무료 숙박권 1매 • '클래식 룸' 무료 숙박권 1매(그랜드 인터컨티넨탈 서울 파르나스 또는 인터컨티넨탈 서울 코엑스) • 객실 우대요금(BFR) 40% 할인권 5매 • 레스토랑 10만원 이용권 4매 • 레스토랑 2인 식사 50% 할인권 2매 • 브런치 2인 식사 30%

		• 시그니처 수제 맥주 2잔 이용권 1매 • 커피 2잔 이용권 1매 • 발렛 무료 주차권 1매	할인권 1매 • 하우스 케이크 교환권 2매 • 커피 2잔 이용권 2매 • 발렛 무료 주차권 3매 • 피트니스 클럽 1회 이용권 2매

멤버십 회원에게 주어지는 객실 혜택은 상시 객실 우대 요금(BFR)을 적용하여 그랜드 인터컨티넨탈 서울 15%, 인터컨티넨탈 서울 코엑스 20% 할인을 제공하며, 할인은 모든 객실 타입 이용이 가능하다. 우대요금(BFR)이란 객실 점유율에 따른 일별 할인 객실 요금이다.

식음료 혜택은 웨이루, 하코네, 그랜드 키친, 스카이 라운지, 아시안 라이브, 브래서리 레스토랑에서 인원에 따른 식사 할인 혜택이 주어진다. 1~2인 식사 주문 시 식사 금액의 20% 할인되며, 3~7인 식사 주문 시 1인분 식사 무료 제공되며, 8~19인 식사 주문 시 2인분 식사 무료 제공되며, 20~30인 식사 주문 시 식사 금액의 10%가 할인된다.

음료 할인은 위스키, 꼬냑, 와인을 병으로 주문할 경우 10%가 할인되며, 다른 음료 및 주류는 제외된다. 그리고 로비 라운지, 로비 바, 그랜드 델리 식음료 할인은 식음료 이용 금액의 10%가 할인되며, 할인 횟수는 제한 없이 이용 가능하다.

기타 혜택으로는 인스파 스파 프로그램 15% 할인 (인터컨티넨탈 서울 코엑스 2층), 나인트리 호텔 공식 웹사이트 객실 요금 10% 추가 할인, 메가박스 코엑스점 더 부티크 스위트 상영관 성인 5,000원 할인, 플라워 아디엘 10% 할인 (그랜드 인터컨티넨탈 서울 파르나스 1층), 살롱포레스트 첫방문 최대 30%할인, 상시 최대 20%할인된다. 현대백화점면세점(무역센터점, 동대문점)에서 BLACK 등급을 부여한다.

아이초이스 멤버십 문의 T. 02 559 7645

5. 반얀트리 클럽 앤 스파 서울의 비트윈 멤버십

반얀트리(Banyan Tree)의 'BT', Food & Beverage 와 Spa의 두 가지 주요 혜택을 상징하는 단어인 'Twin'이 결합된 단어로 BTWIN 멤버십의 혜택을 상징한다. 전세계에서 인정 받은 반얀트리 스파의 다양한 프로그램과 레스토랑, 객실의 서비스를 더욱 특별한 혜택으로 누릴 수 있는 반얀트리 서울의 연간 멤버십이다.

반얀트리 서울의 연간 멤버십인 BTWIN은 모든 멤버가 누릴 수 있는 합리적인 기본 혜택이 제공되며 라이프 스타일에 따른 Orange (오렌지), Green (그린), Purple (퍼플), Gold (골드) 4가지 타입을 선택할 수 있다.

기본 특전으로는 객실의 룸 서비스는 15%가 할인되며, 식음료는 그라넘 다이닝 라운지와 페스타 바이 민구(클럽 멤버스 레스토랑 및 멤버스 라운지 할인 제외)에서는 식사 요금의 15%가 할인되며, 모든 음료(주류 포함)는 15%가 할인되며, 특별 이벤트 및 프로모션에는 10%가 할인된다. 그러나 식음료 할인 및 쿠폰 중복 적용은 불가하다.

오아시스 아웃도어 키친의 모든 음료(주류 포함하나 커피 제외)는 15% 할인되며, 풀사이드 디너 뷔페는 최대 10인까지 15% 할인된다. 5만원 식사권에 한하여 1회 2매 식사에 한해 사용 가능하다. 그리고 웰컴 드링크 2인 무료 음료 이용권 사용이 가능하다.

몽상클레르 호텔점에서는 음료 메뉴를 제외하고 10% 할인되며, 뱅커스 클럽 16층 레스토랑(명동)에서는 식음료가 10% 할인된다. 10인 이상 소규모 가족연 진행 시 와인 1병을 제공하나 할인 중복은 불가하다. 뱅커스 클럽 1층 카페 앤에서는 커피가 20% 할인된다.

연회장 크리스탈 볼룸에서는 식사에 한해 식사 요금의 5%가 할인되나 음료는 제외하며 타 할인 및 쿠폰과 중복 적용이 불가하며, 회원 본인 가족 행사에 한한다.

스파 앤 갤러리의 스파 마사지 및 스파 패키지 20%가 할인되나, 반얀 데이 스파 패키지는 15%가 할인된다. 페이셜 트리트먼트는 5%가 할인되며, 반얀트리 헤드 스파는 20%가 할인된다. 갤러리 구매 시에는 10% 할인되나 위탁 판매 물품은 제외된다.

기타 특전으로는 비지니스 센터(보드룸)은 10% 할인되며, 현대블룸비스타(양평)의 객실을 사전 예약 시 주중 40%, 주말, 성수기 30% 할인된다. 식음료는 스카이 라운지, 커피숍 10% 할인된다. 포레스타 헤어살롱 호텔점의 모든 시술은 20% 할인된다.

BTWIN ORANGE의 특전을 보면 다음과 같다.

구분	특전
연회비	50만원(부가세 포함)
객실	• 객실 60% 할인권 1매 • 사전 예약 필수, 성수기(2022년 7월 1일 – 8월 31일, 12월 16일 – 12월 31일)) 제외, 조식불포함
식음료	• 5만원 식사권 1매 (1회 1매 사용 가능, 룸 서비스 이용가능, 식사에 한함) • 레스토랑 2인 식사 50% 할인권 1매 • 레스토랑 6인 이하 식사 30% 할인권 1매 • 레스토랑 식사 할인권은 2월14일, 3월14일, 5월5일, 12월24일~25일, 12월31일 및 대관 행사 시 이용 불가, 쿠폰 및 카드 중복할인 불가, 식사에 한함, 프로모션 메뉴 제외 • 오아시스 풀사이드 바비큐 4인 이하 50% 할인권 1매 (식사에 한함), 풀사이드

	바비큐 운영 기간에만 이용가능 • 문바 "위스키 세트(문 세트)" 또는 "샴페인 세트" 30% 할인권 1매 • 문바 "쁘띠이비자 세트" 주중(월-목) 20% 할인권 1매(여름 시즌 한정), 웰컴 드링크 2인 무료 음료 이용권 1매 (소프트드링크, 커피에 한함) • 명동 뱅커스 클럽 주중(월-금) 3만원 식사권 1매 (1회 1매 사용 가능, 할인 중복 불가)
선택사항	• 1가지 선택 이용, 호텔 상황에 따라 제공 혜택이 변경될 수 있음 (1)그라넘 다이닝 라운지 주중 디너 2인 무료 이용권 1매 (2)스파 바디마사지 60분 1인 무료이용권 1매
스파 앤 갤러리	• 주중(월-금) 스파 바디 마사지, 스파 패키지 2인 이용 시 40% 할인권 1매 • 주중(월-금) 스파 바디 마사지, 스파 패키지 1인 이용 시 30% 할인권 1매 • 주중(월-금) 반얀트리 헤드 스파 1인 이용 시 30% 할인권 1매 • 주중(월-금) 페이셜 트리트먼트 1인 이용 시 20% 할인권 1매 ※ 주말, 공휴일 사용 불가, 쿠폰과 카드 및 타 프로모션과 중복 할인 불가
기타	• 카바나 주중(월-목) 야간 20% 할인권 2매 카바나는 4인용, 8인용에 한해 이용가능 카바나 할인권은 핫 서머 기간 이용 불가, 풀파티 및 대관행사 제외
갱신시	• 그라넘 다이닝 라운지 와인 1병 무료교환권 1매 • 몽상클레르 케익 무료 교환권 1매 (3일전 예약필수)

BTWIN GREEN의 특전을 보면 다음과 같다.

구분	특전
연회비	90만원(부가세 포함)
객실	• 반얀 풀 디럭스 (일-목 체크인기준) 무료 1박 이용권 1매 사전 예약 필수, 공휴일, 주말 이용시 추가요금 각 200,000원 (부가세포함가), 성수기 이용 시 추가 요금 150,000원 (부가세포함가), 조식불포함 • 객실 60% 할인권 1매 사전 예약 필수, 성수기(2022년 7월 1일 – 8월 31일, 12월 16일 – 12월 31일) 제외, 조식불포함
식음료	• 5만원 식사권 2매 (1회 2매 사용 가능, 룸 서비스 이용가능, 식사에 한함) • 레스토랑 2인 식사 50% 할인권 2매 • 레스토랑 6인 이하 식사 30% 할인권 1매 레스토랑 식사 할인권은 2월14일, 3월14일, 5월5일, 12월24일-25일, 12월31일 및 대관 행사 시 이용불가, 쿠폰 및 카드 중복할인 불가, 식사에 한함, 프로모션 메뉴 제외 • 오아시스 풀사이드 바비큐 4인 이하 50% 할인권 2매 (식사에 한함) 풀사이드 바비큐 운영기간에만 이용 가능 • 문바 이용권 1매 (스파클링 와인 1병 제공) • 문바 "위스키 세트(문 세트)" 또는 "샴페인 세트" 30% 할인권 2매 • 문바 "쁘띠이비자 세트" 주중(월-목) 20% 할인권 2매(여름 시즌 한정) • 웰컴 드링크 2인 무료 음료 이용권 1매 (소프트드링크, 커피에 한함) • 명동 뱅커스 클럽 주중(월-금) 3만원 식사권 2매 (1회 1매 사용 가능, 할인 중복 불가)
선택사항	• 1가지 선택 이용, 호텔 상황에 따라 제공 혜택이 변경될 수 있음 • 그라넘 다이닝 라운지 주중 디너 2인 무료 이용권 1매 • 스파 바디마사지 60분 1인 무료이용권 1매
스파 앤 갤러리	• 주중(월-금) 스파 바디 마사지, 스파 패키지 2인 이용 시 40% 할인권 1매 • 주중(월-금) 스파 바디 마사지, 스파 패키지 1인 이용 시 30% 할인권 1매

	• 주중(월-금) 반얏트리 헤드 스파 1인 이용 시 30% 할인권 1매 • 주중(월-금) 페이셜 트리트먼트 1인 이용 시 20% 할인권 1매 ※ 주말, 공휴일 사용 불가, 쿠폰과 카드 및 타 프로모션과 중복 할인 불가
기타	• 카바나 주중(월-목) 야간 20% 할인권 2매 카바나는 4인용, 8인용에 한해 이용 가능 카바나 할인권은 핫 서머 기간 이용 불가, 풀파티 및 대관 행사 제외
갱신시	• 그라넘 다이닝 라운지 와인 1병 무료교환권 1매 • 몽상클레르 케익 무료 교환권 1매 (3일전 예약필수)

BTWIN PURPLE의 특전을 보면 다음과 같다.

구분	특전
연회비	135만원(부가세 포함)
객실	• 남산 풀 디럭스 룸 또는 남산 풀 프리미어 룸(일-목 체크인 기준) 무료 1박 이용권 1매 사전 예약 필수, 공휴일, 주말 이용시 추가요금 각 200,000원 (부가세포함), 성수기 이용 시 추가 요금 150,000원 (부가세포함), 조식불포함 • 객실 60% 할인권 2매 사전 예약 필수, 성수기(2022년 7월 1일-8월 31일, 12월 16일-12월 31일) 제외, 조식불포함 • 객실 주중(일 - 목) 무료 업그레이드 이용권 2매(성수기 및 공휴일 제외, 남산 풀 프리미어 스위트 제외, 사전예약 필수)
식음료	• 5만원 식사권 3매 (1회 2매 사용 가능, 룸 서비스 이용가능, 식사에 한함) • 레스토랑 2인 식사 50% 할인권 3매 • 레스토랑 6인 이하 식사 30% 할인권 2매 레스토랑 식사 할인권은 2월14일,3월14일,5월5일,12월24일-25일,12월31일 및 대관행사 시 이용불가, 쿠폰 및 카드 중복할인불가, 식사에한함, 프로모션 메뉴 제외 • 오아시스 풀사이드 바비큐 4인 이하 50% 할인권 3매 (식사에 한함) 풀사이드 바비큐 운영기간에만 이용가능 • 문바 이용권 1매 (와인 또는 위스키 1병 + 과일플래터 제공) • 문바 "위스키 세트(문 세트)" 또는 "샴페인 세트" 30% 할인권 4매 • 문바 "쁘띠이비자 세트" 주중(월-목) 20% 할인권 3매(여름 시즌 한정) • 웰컴 드링크 2인 무료 음료 이용권 2매 (소프트드링크, 커피에 한함) • 명동 뱅커스 클럽 주중(월-금) 3만원 식사권 3매 (1회 1매 사용 가능, 할인 중복 불가)
선택사항	• 1가지 선택 이용, 호텔 상황에 따라 제공 혜택이 변경될 수 있음 (1)그라넘 다이닝 라운지 주중 디너 2인 무료 이용권 1매 (2)스파 바디마사지 60분 1인 무료이용권 1매

스파 앤 갤러리	• 스파 10만원 이용권 1매 (페이셜 트리트먼트 제외) • 주중(월-금) 스파 바디 마사지, 스파 패키지 2인 이용 시 40% 할인권 2매 • 주중(월-금) 스파 바디 마사지, 스파 패키지 1인 이용 시 30% 할인권 2매 • 주중(월-금) 반얀트리 헤드 스파 1인 이용 시 30% 할인권 3매 • 주중(월-금) 페이셜 트리트먼트 1인 이용 시 20% 할인권 3매 ※ 주말, 공휴일 사용 불가, 쿠폰과 카드 및 타 프로모션과 중복 할인 불가
기타	• 카바나 주중(월-목) 야간 20% 할인권 5매 카바나는 4인용, 8인용에 한해 이용 가능 카바나 할인권은 핫 서머 기간 이용 불가, 풀파티 및 대관 행사 제외
갱신시	• 그라넘 다이닝 라운지 와인 1병 무료교환권 1매 • 몽상클레르 케익 무료 교환권 1매 (3일전 예약필수)

BTWIN GOLD의 특전을 보면 다음과 같다.

구분	특전
연회비	500만원
객실	• 반얀 프레지덴셜 스위트 무료 1박 이용권 1매 사전 예약 필수, 연중 이용 가능, 조식불포함 • 객실 60% 할인권 3매 사전 예약 필수, 극성수기(2022년 7월 15일-8월 21일, 12월 16일-12월 31일) 제외, 조식불포함, 부가세포함 • 객실 주중(일 - 목) 무료 업그레이드 이용권 3매(성수기 및 공휴일 제외, 남산풀 프리미어 스위트 제외, 사전예약 필수) * 성수기(2022년 7월 15일-8월 21일, 12월 16일-12월 31일) 제외
식음료	• 5만원 식사권 7매 (1회 2매 사용 가능, 룸 서비스 이용가능, 식사에 한함) • 레스토랑 2인 식사 50% 할인권 6매 • 레스토랑 6인 이하 식사 30% 할인권 2매 레스토랑 식사 할인권은 2월14일,3월14일,5월5일,12월24일-25일,12월31일 및 대관행사 시 이용불가, 쿠폰 및 카드 중복할인불가, 식사에한함, 프로모션 메뉴 제외 • 오아시스 풀사이드 바비큐 2인 무료 이용권 4매 (식사에 한함) • 오아시스 풀사이드 바비큐 4인 이하 50% 할인권 6매 (식사에 한함) 풀사이드 바비큐 운영기간에만 이용가능 • 페스타 바이 민구 런치 2인 무료 이용권 1매 • 문바 이용권 1매 (와인 또는 위스키 1병 + 과일플래터 제공) • 문바 "위스키 세트(문 세트)" 또는 "샴페인 세트" 30% 할인권 4매 • 문바 "쁘띠이비자 세트" 주중(월-목) 20% 할인권 5매(여름 시즌 한정) • 몽상클레르 케익 무료 교환권 2매 (3일전 예약 필수) • 웰컴 드링크 2인 무료 음료 이용권 4매 (소프트드링크, 커피에 한함)
스파 앤 갤러리	• 스파 바디 마사지 60분 1인 무료 이용권 3매 • 스파 10만원 이용권 2매 (페이셜 트리트먼트 제외) • 주중(월-금) 스파 바디 마사지, 스파 패키지 2인 이용 시 40% 할인권 4매 • 주중(월-금) 스파 바디 마사지, 스파 패키지 1인 이용 시 30% 할인권 4매

	• 주중(월-금) 반얀트리 헤드 스파 1인 이용 시 30% 할인권 4매 • 주중(월-금) 페이셜 트리트먼트 1인 이용 시 20% 할인권 4매 ※ 주말, 공휴일 사용 불가, 쿠폰과 카드 및 타 프로모션과 중복 할인 불가
기타	• 휘트니스 1인 체험권 2매 (사우나 + 헬스, 실내수영장, 트룬골프 중 택1) • 카바나 주중(월-목) 주간 10%할인권 4매 • 카바나 주중(월-목) 야간 20% 할인권 10매 카바나는 4인용, 8인용에 한해 이용가능 카바나 할인권은 핫 서머 기간 이용 불가, 풀파티 및 대관행사 제외
갱신시	• 그라넘 다이닝 라운지 주중 런치 2인 무료 이용권 1매 • 그라넘 다이닝 라운지 와인 1병 무료교환권 1매 • 몽상클레르 케익 무료 교환권 1매 (3일전 예약필수)

BTWIN 멤버십 문의 T. 02 2250 8252, 8253

6. 서울드래곤시티 SDC 멤버십

SDC 멤버십은 서울드래곤시티 안에 있는 노보텔 앰배서더 서울 용산, 노보텔 스위트, 이비스 스타일 앰배서더 서울, 그랜드 머큐어 앰배서더 호텔 앤 레지던스 서울 용산 등 4개 브랜드의 호텔에서 무료 숙박, 객실 및 레스토랑&바 할인 서비스를 받을 수 있는 연간 멤버십이다. SDC 멤버십은 객실형 멤버십으로 REEN, BLUE, BLACK 등이 있으며, 식음형 멤버십은 DINING CLUB, ROYAL CLUB 등이 있다.

객실형 멤버십 GREEN의 특전을 보면 다음과 같다.

구분	특전
연회비	33만원(부가세 포함)
객실	**이비스 스타일** • 이비스 스타일 수페리어룸 숙박권 1매 • 이비스 스타일 객실 할인권 3매 **노보텔** • 노보텔 객실 할인권 2매
다이닝	• 이비스 스타일 2인 조식 식사권 2매 • 레스토랑&바 5만원 바우처 3매 • 와인 교환권 1매
상시 할인 혜택	• 객실 요금 10% 할인 • 레스토랑 & 바 20% 할인 • 연회 5% 할인

객실형 멤버십 BLUE의 특전을 보면 다음과 같다.

구분	특전
연회비	55만원(부가세 포함)
객실	**노보텔** • 노보텔 수페리어룸 숙박권 2매 • 노보텔 수페리어룸 객실 할인권 3매 **노보텔 스위트** • 노보텔 스위트 주니어 스위트룸 할인권 2매 • 사우나 이용권 3매
다이닝	• 푸드 익스테인지 2인 조식 뷔페 식사권 2매 • 레스토랑&바 5만원 바우처 4매 • 와인 교환권 1매 • 케이크 교환권 1매
상시 할인 혜택	• 객실 요금 10% 할인 • 레스토랑 & 바 20% 할인 • 연회 5% 할인

객실형 멤버십 BLACK의 특전을 보면 다음과 같다.

구분	특전
연회비	99만원
객실	**노보텔 스위트** • 노보텔 스위트 주니어 스위트룸 숙박권 2매 • 노보텔 스위트 디럭스 스위트룸 숙박권 1매 • 노보텔 스위트 객실 할인권 3매 **노보텔** • 노보텔 객실 할인권 2매 • 사우나 이용권 3매
다이닝	• 푸드 익스체인지 2인 조식 뷔페 식사권 2매 • 레스토랑&바 5만원 바우처 6매 • 와인 교환권 1매 • 케이크 교환권 1매
상시 할인 혜택	• 객실 요금 10% 할인 • 레스토랑 & 바 20% 할인 • 연회 5% 할인

식음형 멤버십 DINING CLUB의 특전을 보면 다음과 같다.

구분	특전
연회비	55만원
다이닝	<ul><li>이비스 스타일 뷔페 식사권 2매</li><li>푸드 익스체인지 뷔페 식사권 2매</li><li>레스토랑&바 5만원 바우처 2매</li><li>알라메종 와인 앤 다인 1인 런치코스 식사권 2매</li><li>스카이캉덤 스파이 앤 파티룸_파티룸 이용권 2매</li><li>스카이킹덤 조니워커 블랙라벨 12yr 위스키 1병 교환권 2매</li><li>메가 바이트 TAKE-OUT 커피 교환권 2매</li><li>레스토랑 2인 식사 50% 할인 이용권 2매</li></ul>
상시 할인 혜택	<ul><li>객실 요금 10% 할인</li><li>레스토랑 & 바 20% 할인</li><li>연회 5% 할인</li></ul>

식음형 멤버십 ROYAL CLUB의 특전을 보면 다음과 같다.

구분	특전
연회비	110만원
객실	**그랜드 머큐어** • 그랜드 머큐어 수페리어 스위트룸 숙박권 1매 • 그랜드 머큐어 주니어 스위트룸 주중, 주말 할인권 1매씩 • 그랜드 머큐어 수페리어 스위트룸 주중, 주말 할인권 1매씩 • 그랜드 머큐어 EFL 2인 이용권 1매
다이닝	• 그랜드 머큐어 프리미어 라운지 2인 이용권 1매 • 푸드 익스체인지 2인 뷔페 식사권 1매 • 운카이 '운코스' 2인 식사권 1매 • 스카이킹덤 스파이 앤 파티룸_파티룸 이용권 3매 • 스카이킹덤 몰트위스키 싱글톤 12yr 1병 교환권 1매 • 메가바이트 TAKE-OUT 커피 교환권 2매 • 케이크 교환권 1매 • 와인 콜키지 이용권 2매 • 레스토랑&바 5만원 바우처 4매 • 레스토랑 2인 식사 50% 할인 이용권 2매
상시 할인 혜택	• 객실 요금 10% 할인 • 레스토랑 & 바 20% 할인 • 연회 5% 할인

SDC 멤버십상담 및 문의 02-2223-7756

제1 2장
인피니티컨설팅

Membership & ESG Management Pros

인피니티컨설팅(주)

finity

인피니티컨설팅(주)

2001년 호텔 마케팅 컨설팅 서비스를 시작으로
회원 모집 및 관리의 전문성을 축적한
국내 최고의 레저사업 컨설팅 전문회사입니다.

호텔컨설팅분야 최고의 전문가
대표이사 **이 영 섭**

- 한국여행치료협회 회장
- 경희대학교 관광학과 박사과정 수료

[저서]

- 여행치료의 이론과 실제/ 힐링여행의 이론과 실제
- 자존감 여행 / 여행심리상담의 실제
- 근로자 지원 프로그램 (EAP)의 도입과 적용
- ESG 경영의 이론과 실제/ 기후 변화와 세계의 대응
- 힐링여행 어디로 갈까?/ 휴양소 어디로 갈까?

[호텔 멤버십 관련 논문]

- The loyalty program for our self-esteem
  : the role of collective self-Esteem
  in luxury hotel membership programs [2021]
- Enhancing customer–brand relationship by
  leveraging loyalty program experiences that
  foster customer–brand identification [2020]
- 호텔 멤버십을 통한 관계혜택이 고객만족과
  고객 충성도에 미치는 영향연구 [2019]
- 호텔 서비스가 멤버십 프로그램 만족도에 미치는 영향 [2018]

회사명	인피니티컨설팅(주)
대표이사	이 영 섭
설립일	2001년 02월
자본금	2억 5천만 원
주사업분야	· 호텔 · 기업 멤버십 관리 · 텔레마케팅엄 · 마케팅엄
직원	49명 (2022년 5월 현재)
주소	(본 사) 서울시 용산구 한강대로 205 용산파크자이 D동 2607호 (사무국) 서울시 용산구 한강대로 109 용성비즈텔 1702호
웹사이트	www.hotelplus.co.kr

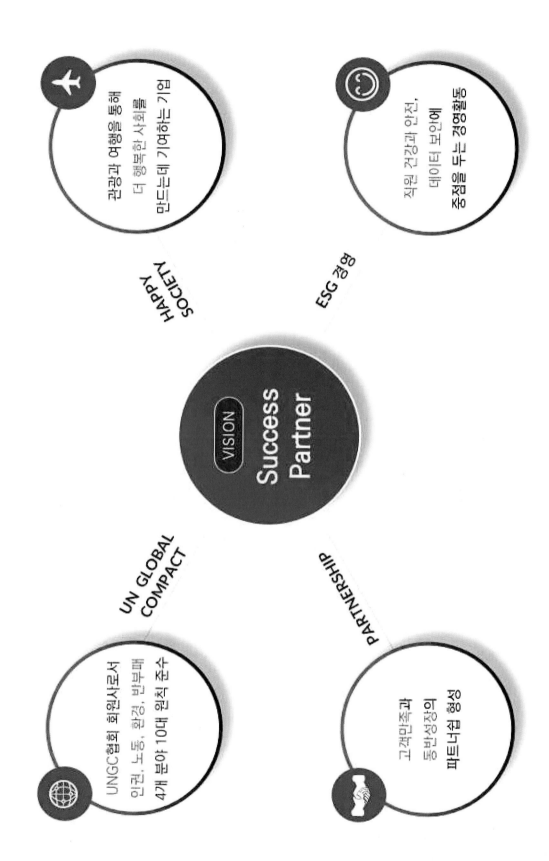

HAPPY
SOCIETY

관광과 여행을 통해
더 행복한 사회를
만드는데 기여하는 기업

ESG 경영

지원 건강과 안전,
데이터 보안에
중점을 두는 경영활동

VISION
Success
Partner

UN GLOBAL
COMPACT

UNGC협회 회원사로서
인권, 노동, 환경, 반부패
4개 분야 10대 원칙 준수

PARTNERSHIP

고객만족과
동반성장의
파트너십 형성

클라이언트 전담팀 구분 운영

직책	업무	인원
대표이사	주도적 총괄 운영, 정기적 현장 점검	1
마케팅 임원	마케팅전략, 영업기획, 브랜딩, 수시 현장점검	1
IT 임원	프로그램 개발 및 관리	1
경영지원	경리, 인사, 경영 관리	6
멤버십 센터	제안사별 TM 조직관리, 영업관리, 상담 콜 서비스 분석	6
텔레마케터	인 & 아웃바운드 콜, 멤버십 만족 및 판매	29
분양 컨설팅	레저사업 분양 및 사업성 평가	1
EAP & 힐링	근로자 지원 프로그램 및 친환경 출판	1
연구소	ESG지원 기업부설연구소	3

대표이사
이영섭

경영지원
이도경 팀장

호텔 멤버십
이석배 이사
- 멤버십 컨설팅
- 콜센터 운영
- CRM, 시장 및 고객만족도 조사

레저사업 기획
이태정 이사
- 분양성 평가
- 회원권 분양
- 회원 관리

IT 솔루션
한진섭 이사
- 앱 개발
- 시스템 최적화
- IT 유지관리

ESG 지원
전도근 이사
- EAP
  (근로자지원프로그램)
- 교육&힐링 프로그램
- 친환경 출판

04. 연혁

쉼 없이 달려온 도전과 성취의 21년

HISTORY(21years)

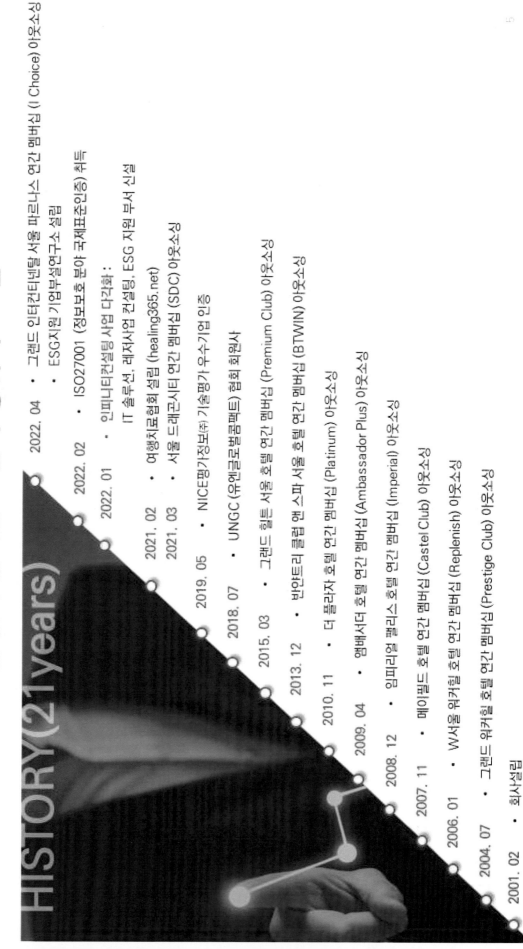

- **2022. 04** · 그랜드 인터컨티넨탈 서울 파르나스 연간 멤버십 (I Choice) 아웃소싱
  · ESG지원 기업부설연구소 설립
- **2022. 02** · ISO27001 (정보보호 분야 국제표준인증) 취득
- **2022. 01** · 인피니티컨설팅 사업 다각화 :
  IT 솔루션, 레저사업 컨설팅, ESG 지원 부서 신설
- **2021. 02** · 여행치료협회 설립 (healing365.net)
- **2021. 03** · 서울 드래곤시티 연간 멤버십 (SDC) 아웃소싱
- **2019. 05** · NICE평가정보(주) 기술평가 우수기업 인증
- **2018. 07** · UNGC (유엔글로벌콤팩트) 협회 회원사
- **2015. 03** · 그랜드 힐튼 서울 호텔 연간 멤버십 (Premium Club) 아웃소싱
- **2013. 12** · 반얀트리 클럽 앤 스파 서울 호텔 연간 멤버십 (BTWIN) 아웃소싱
- **2010. 11** · 더 플라자 호텔 연간 멤버십 (Platinum) 아웃소싱
- **2009. 04** · 앰배서더 호텔 연간 멤버십 (Ambassador Plus) 아웃소싱
- **2008. 12** · 임페리얼 팰리스 호텔 연간 멤버십 (Imperial) 아웃소싱
- **2007. 11** · 메이필드 호텔 연간 멤버십 (Castel Club) 아웃소싱
- **2006. 01** · W서울 워커힐 호텔 연간 멤버십 (Replenish) 아웃소싱
- **2004. 07** · 그랜드 워커힐 호텔 연간 멤버십 (Prestige Club) 아웃소싱
- **2001. 02** · 회사설립

05. 멤버십 운영 현황

19년 간 그랜드 워커힐 호텔,

13년 간 더 플라자 호텔,

10년 간 반얀트리 서울 호텔

강산이 두 번 바뀔 동안 인피니티컨설팅을 믿고 멤버십 운영 관리를 맡기셨습니다.

SEOUL DRAGON CITY

서울 드래곤 시티 호텔

반얀트리 클럽앤스파서울 호텔 멤버십 – BTWIN

더플라자 호텔 멤버십 – Platinum

그랜드워커힐 호텔 – Prestige Club

| 2004 | 2005 | 2006 | 2007 | 2008 | 2009 | 2010 | 2011 | 2012 | 2013 | 2014 | 2015 | 2016 | 2017 | 2018 | 2019 | 2020 | 2021 | 2022 |

인피니티컨설팅은 멤버십 분야
최고의 노하우를 축적한 마케팅 전문그룹 입니다

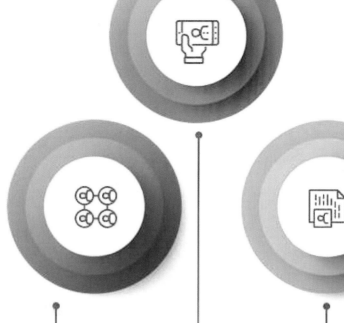

01 회원 모집 / 마케팅 전문가 그룹

- 연간 약 10% 이상 회원수의 연회비 매출 증가
- 업계 최고 경력의 멤버십 마케팅 전문가
- 기업 제공정보, 기업 및 관계사, 카드제휴 활용 회원 모집
- 기존 고객 활용 회원모집 및 이탈율 최소화

02 업계최초 렌자사업 멤버십 관리 IT 솔루션 제공

- 고객사 고유의 멤버십 앱
- 최고의 고객 만족도 보장
- 저렴한 운영 비용
- 전문 콜센타 운영
- 월간 분석 리포트

03 18년 차 회원제 관리 경험

- 고객 맞춤관리를 통한 고객 만족 및 충성도 제고
- 매뉴얼에 따른 신속하고 효과적인 고객 컴플레인 대응
- 시장, 고객, VOC, 갱신/미갱신 사유분석을 통한 전략수립
- 멤버십 프로그램을 통한 기업 브랜딩 능력

18년간 **20만명** 이상 호텔 멤버십 회원을 유치했으며,

재가입률 **60%이상**으로 호텔 **매출 증대**에 크게 기여

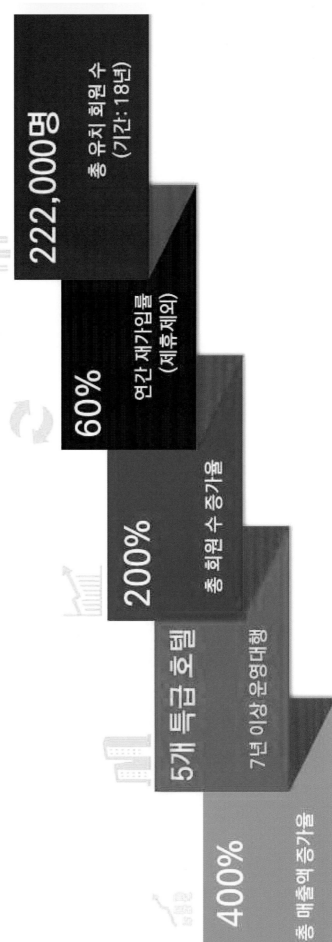

222,000명

총 유지 회원 수
(기간 : 18년)

60%

연간 재가입률
(제휴제외)

200%

총 회원 수 증가율

5개 특급 호텔

7년 이상 운영대행

400%

총 매출액 증가율

멤버십 관리

멤버십 관리 IT 솔루션
- 고객사 고유의 멤버십 앱
- 개발비 無, 저렴한 운영 비용
- 최고의 고객 만족도 보장

멤버십 (연회원권) 판매
- 회원정보 운영시스템 등록
- 고객응대
- 판매관리

회원관리
- 회원관리 전담팀 운영
- 고객의견 수렴 서비스 반영
- 감성기반 커뮤니케이션 활용

레저사업 컨설팅

개발사업 사업성 분석
- 환경/입지 분석
- 분양가보고서
- 개발 컨셉 기획

특화상품 기획
- 판매전략
- 홍보/마케팅 방안

설문조사
- 시장조사
- VVIP 대상 수요조사
- 고객자산가 관리

M&A용역
- 레저시설 기업회생 용역

회원 모집

골프장
- 회원제&퍼블릭&대중형연습장
- 회원모집계획 총괄구성
- 회원모집 (분양) 대행

리조트
- 콘도미니엄,호텔,종합리조트
- 골프텔, 가족호텔, 골프빌리지
- 회원모집 (분양) 대행

피트니스
- 호텔 피트니스&스포츠센터
- 종합체육시설, 골프연습장
- 회원모집 대행

ESG 경영 지원

EAP (근로자지원 프로그램)
- 심리검사
- 교육 프로그램
- 힐링 프로그램

친환경 출판
- 친환경 소재 사용 출판
- 전자책 출판
- 단행본, 리플렛 출판

연구개발
- 근로자 심리건강
- 근로자 인력개발 및 지원
- 정서안정 프로그램 개발

멤버십(연회원권) 판매 및 앱을 통한 회원관리

앱 서비스

- 어플을 통한 회원관리
- 판매, 매출, 혜택사항 관리
- 카드, 지류 대체 회원관리

통합 회원관리

- 호텔 및 리조트 회원관리 통합
- 별도 운영인력 대체 가능
- 신규상품 안내 등 맞춤효과

재가입률 60%

- 회원관리 전담팀 운영
- 고객의견 수렴 후 서비스반영
- 재구매, MGM유도, 고객충성도 증대
- 감성기반 커뮤니케이션 활용

고객사는 멤버십 운영을 위한 별도의 인력이나 앱 개발이 필요 없습니다

아마존 웹 서비스(AWS)를 활용한 안전한 앱 서비스

고객사

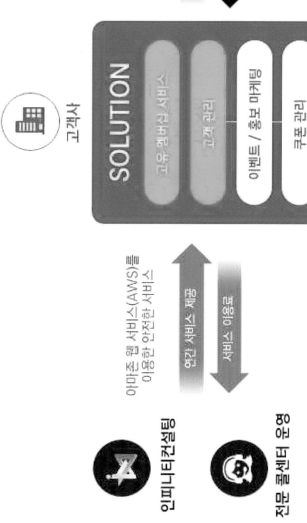

인프라티컬설팅

아마존 웹 서비스(AWS)를
이용한 안전한 서비스

연간 서비스 제공

서비스 이용료

전문 콜센터 운영

SOLUTION

- 고유 멤버십 서비스
- 고객 관리
- 이벤트 / 홍보 마케팅
- 쿠폰 관리

효과적인 고객관리

고유의 멤버십 서비스

가입

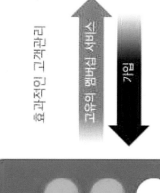

고객

이벤트 정보 획득

쿠폰 관리

다양한 문의사항 해결

- ISO 27001 정보보안 인증을 받았으며, 시스템 개발, 운영에 있어 파트너사와 고객의 정보를 철저하게 보호합니다.

고객용 멤버십 운영은 이제 그만! 이젠 우리만의 멤버십 앱 서비스

| 고객관리, 쿠폰관리, 이벤트 홍보

인피니티
멤버십 앱 서비스

1 고객사 매출 및 수익성 증대

2 고객 관리 효율성

3 멤버십 재구매율

4 고객 대상 마케팅 효과

5 멤버십 운영비의 경제성

6 고객의 멤버십 이용 만족도

멤버십 앱 서비스 무료개발 및 신속한 서비스 개시

신규 및 충성 고객 유지가 용이하여 고객사 매출 증가에 기여

멤버십을 위한 고객사 전담 인력 최소화로 경제성 만점

계약 후 서비스 개시까지 약 2개월의 기간이 소요되며,
아래와 같은 프로세스로 진행됩니다.

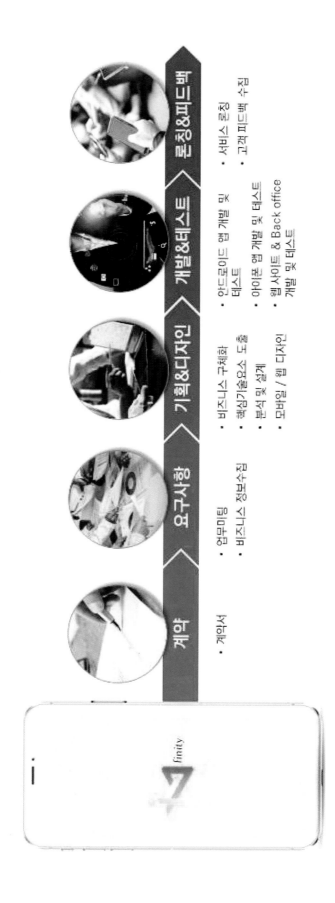

계약
- 계약서

요구사항
- 업무미팅
- 비즈니스 정보수집

기획&디자인
- 비즈니스 구체화
- 핵심기술요소 도출
- 분석 및 설계
- 모바일 / 웹 디자인

개발&테스트
- 안드로이드 앱 개발 및 테스트
- 아이폰 앱 개발 및 테스트
- 웹 사이트 & Back office 개발 및 테스트

론칭&피드백
- 서비스 론칭
- 고객 피드백 수집

개발사업 & 특화상품기획 & 시장조사

사업성 분석

- 개발사업의 환경/입지 분석
- 분양성평가보고서 제작
- 개발 컨설팅 기획

분양 제안서

- 회원모집/분양제안서 제작
- 특화상품기획/판매전략
- 홍보/마케팅 방안

설문조사

- 시장조사 (통계&설문조사)
- VVIP매성 수요조사
- 회원권보유자, 고객자산가관리

M&A 용역

- 레저기업 회생용역
- 회원 동의 업무
- 전담 TF팀 구성

14

회원모집(분양) 대행 & 전문 영업조직 구성

골프장

- 회원제&퍼블릭&대행연습장
- 회원모집계획 총괄구상
- 회원모집(분양) 대행

리조트

- 콘도미니엄, 호텔, 종합리조트
- 골프텔, 가족호텔, 골프빌리지
- 회원모집(분양)대행

피트니스

- 호텔 피트니스&스포츠센터
- 종합체육시설, 골프연습장
- 회원모집 대행

인피니티컨설팅의 EAP는 기업의 생산성 향상을 위한
심리검사, 상담, 컨설팅, 연수, 힐링 프로그램을 제공 합니다.

| 특징

01 과학적인 심리검사

02 고객사 요구 맞춤설계

03 차별화된 프로그램

| 프로세스

EAP 과정

01 계약
02 커스터 마이징
03 온라인 검사
04 분석
05 보고서
06 상담 프로그램

직무스트레스
대인관계
우울증
자존감
회복탄력성

행복한 직장
생산성 향상

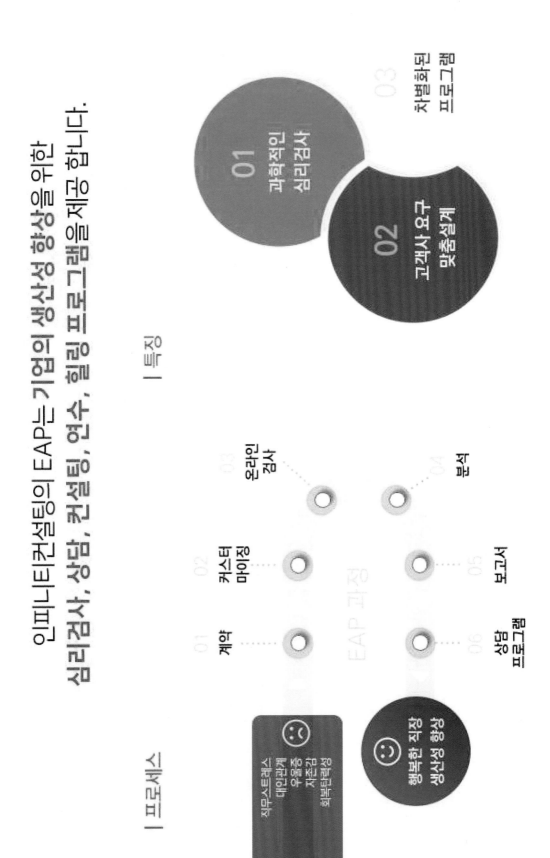

인피니티 컨설팅은 친환경 출판을 지향합니다.

- 인쇄 출판 시 친환경 소재 사용·품질의 전자책 출판

출판 종류

- 단행본 : 자기계발서, 각종 교재, 소설, 자녀 교육서, 위인전 등
- 출판물 : 보고서, 백서, 학회지 등
- 인쇄물 : 브로슈어, 리플릿, 회사 소개서 등

건강

요리

교육

자기계발

여행

경영

학습

심리

인피니티 컨설팅은 고객을 퍼스널 브랜딩해 줍니다.

- 고객을 특정 분야에서 차별화될 수 있도록 고객만의 가치를 높여서 최고로 인정받게끔 해드립니다.

01 퍼스널 브랜딩

- 웹페이지 제작
- 저서 출간
- 언론기사 송출, 잡지사, 사상식 등
- 다채널 동시 이미지 제팅 및 평판관리

03 SNS 게시물 발행

- 공식 SNS(페이스북+인스타그램)
- 홍보게시물 발행
- 포스트 콘텐츠를 카드뉴스형식으로 재가공

04 작가와의 만남

- 교보문고, YES24등 북 콘서트
- 저자 강연회 및 사인회 개최
- 영상촬영 및 인터뷰
- 언론 홍보 등

02 네이버 포스트 발행

- 공식 포스트에 게시물 발행
- 흥미유발 스토리텔링 + 고품질 콘텐츠 제작
- 이벤트 게시물 발행

서평단 운영

- 블로그 일 방문자 수 500~1,000명
- 인스타그램 팔로워 1,000명 이상
- 영향력 있는 블로거 및 인플루언서를 활용한 서평단 모집

인피니티 컨설팅은 국내 최고의 치매예방과 관리 프로그램을 개발해 보급합니다.

- 전국민을 치매 없는 행복한 세상을 만들어 가고 있습니다.

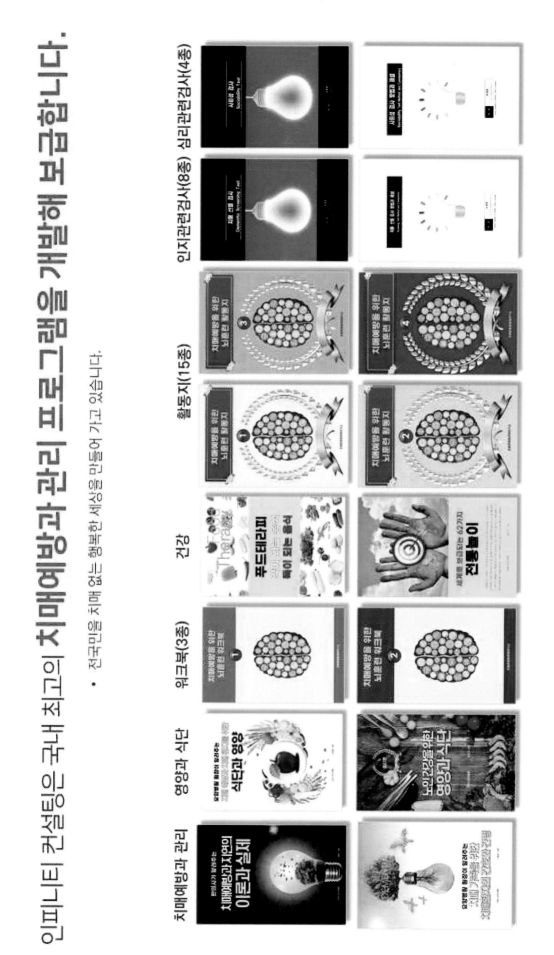

10. 주요 고객사

호텔 멤버십 분야 국내 선두주자

그 외 다수의 호텔에 서비스 제공

11. 호텔 고객사 현황

호텔 멤버십

반얀트리 클럽 스파 앤 서울 호텔
연간 멤버십 (BTWIN) 아웃소싱

그랜드 워커힐
연간 멤버십 (Prestige Club) 아웃소싱

더 플라자호텔
연간 멤버십 (Platinum) 아웃소싱

파르나스호텔
연간 멤버십 (I CHOICE) 아웃소싱

서울 드래곤시티
연간 멤버십 (SDC) 아웃소싱

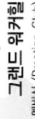

12. 고객사 유치 사례 | 회원권 분양

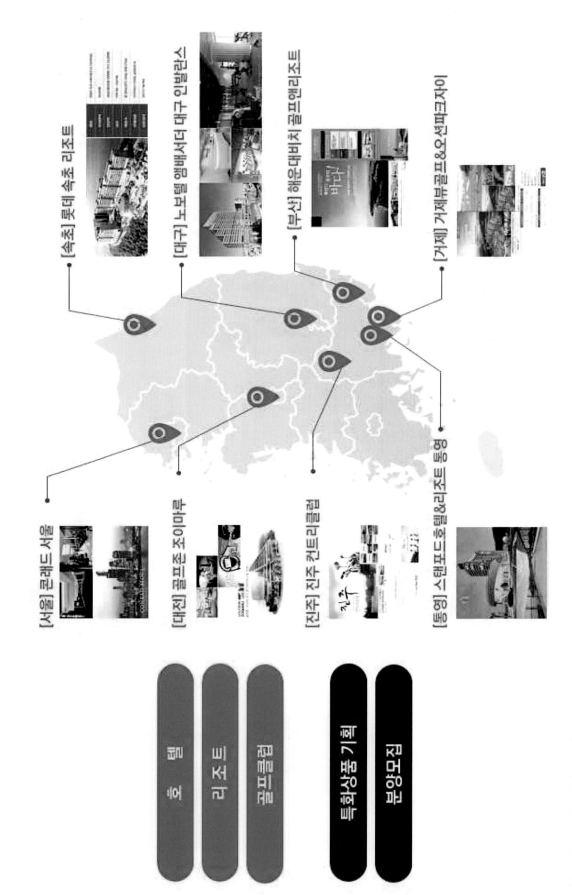

[속초] 롯데 속초 리조트

[대구] 노보텔 앰베서더 대구 인발란스

[부산] 해운대비치 골프앤리조트

[거제] 거제뷰골프&오션파크자이

[서울] 콘래드 서울

[대전] 골프존 조이마루

[진주] 진주 컨트리클럽

[통영] 스탠포드호텔&리조트 통영

호텔

리조트

골프클럽

특화상품 기획

분양모집

참고 문헌

구혜경·나종연(2012). 소비자−기업 가치공동창출활동의 개념화 및 척도개발에 관한 연구. 『소비자학연구』, 23(1), 193−227.

권승경(2016). 브랜드 트랜스액션 경험의 참여정도에 따른 소비자브랜드 관계적 효과: 브랜드 동일시의 매개적 역할을 중심으로. 『조형미디어학』, 19(3), 3−14.

김선준(2003). 『구매서비스 품질이 구매 후 반응에 미치는 경향에 관한 연구』. 전주대학교 대학원 박사학위논문.

김희년(2013). 사회과학분야의 학위논문작성법. 김해: 인제대학교 출판부.

나승현(2017). 『물리적, 사회적 서비스스케이프가 고객의 감정반응과 관계지속성에 미치는 영향』 : 한식전문점을 중심으로. 호남대학교 대학원 박사학위논문.

대학내일 20대 연구소·이재흔·김영기·호영성·김금희·남민희·장지성·손유빈·김다희·박재항·임희수(2020). 밀레니얼−Z세대 트렌드 2021: 국내 유일 20대 전문 연구소의 코로나19 이후 MZ세대 관찰기. 고양: 위즈덤하우스.

마크로밀엠브레인(2018). 여름휴가 및 스테이케이션(호캉스 등) 인식 조사. EMBRAIN.

윤병진(2017). 『핀테크의 서비스품질, 기술수용이 만족도, 재이용의도, 공유가치창출, 기업명성에 미치는 영향 연구 : 컨설팅 관점의 한·미·중 이용자조사를 중심으로』. 한성대학교 대학원 박사학위논문.

윤세목(2017). 호텔이용객의 고객참여활동과 고객지식이 가치공동창출과 신뢰에 미치는 영향. 『Tourism Research』, 42(2), 131−150.

윤영화(2018). 『고객만족과 신뢰가 고객충성도에 미치는 영향에 관한 실증적 연구−프랜차이즈 한식전문점 중심으로』. 명지대학교 대학원 박사학위논문.

윤유식·오정학·박경연(2009). 호텔선택속성 포지셔닝 분석을 통한 서울지역 특급호텔 경쟁력 비교. 『호텔경영학연구』, 18(3), 23−44.

윤혜원(2021). 『모바일 앱UI 디자인요인이 실용적가치와 지속이용의도에 미치는 영향 연구』 : 쇼핑앱을 중심으로. 한남대학교 대학원 박사학위논문.

이상동·윤태환(2015). 한중 호텔고객의 서비스스케이프가 서비스 가치와 만족에 미치는 영향. 『컨벤션연구』, 15(4), 55−72.

이상열(2020). 『복합리조트(IR)의 선택속성과 마케터의 전문성이 공동가치창출과 충성도에 미치는 영향에 관한 연구』 : VIP 고객을 중심으로. 경희대학교 대학원 박사학위논문.

Aaker, D. A., & Equity, M. B.(1991). *Capitalizing on the value of a brand name.* New York: The Free Press.

Bertella, G.(2014). The co−creation of animal−based tourism experience. *Tourism Recreation Research, 39*(1), 115‐125.

Bhattacharjee, A.(2001). Understanding information systems continuance: An expectation confirmation model. *MIS Quarterly, 25*(3), 351−370.

Bitner, M.(1992). Servicescapes : The impact of physical surroundings on customers and employees. *Journal of Marketing, 56*(2), 57‐71.

Bloom, J., Nawijn, J., Geurts, S., Kinnunen, U., & Korpel, K.(2017). Holiday travel, staycations, and subjective well−being. *Journal of Sustainable Tourism, 25*(4), 573−588.

저자 소개

이영섭

저자 이영섭은 인피니티컨설팅(주)의 대표이사로서 2001년부터 호텔 마케팅 컨설팅 서비스를 시작으로 회원 모집 및 관리의 전문성을 축적한 레저사업 컨설팅 전문회사를 운영하고 있다. 더 나은 서비스를 제공하기 위해 호텔 멤버십 회원과 소통하며 고객의 성향과 욕구를 치밀하게 분석해 왔다. 그리고 2018년 7월부터 UNGC 협회 회원사로서 ESG지원 기업부설 연구소를 운영하고 있다.

사람들이 관광과 여행을 즐기는 과정에서 정서적 위안을 얻는 모습에 주목, 이러한 효과에 대한 사회과학적 분석과 전파를 위해 2021년 한국여행치료협회를 설립했다. 이러한 노력의 일환으로 같은 해, 「여행치료의 이론과 실제」, 「힐링여행의 이론과 실제」, 「자존감 여행」, 「근로자지원 프로그램(EAP)의 도입과 적용」, 「심리상담 효과를 높이는 여행심리상담의 실제」, 「인생이 행복해지는 힐링여행」을 출간하여 여행을 통한 심리치료 방법의 기틀을 마련하였다. 아울러 여행심리상담사, 힐링지도사, 자존감 지도사 민간자격 과정을 개설하여 여행치료 프로그램의 보급에 매진하고 있다.

또한 ESG 경영을 도입하고 「ESG 경영의 이론과 실제」, 「ESG 경영과 세계의 대응」, 「기후온난화와 세계의 대응」을 출간하고 ESG 경영컨설팅을 하고 있다.

최고의 호텔 전문가가 알려주는
호캉스 어디로 가면 좋을까?

초판1쇄 인쇄 - 2022년 4월 20일
초판1쇄 발행 - 2022년 4월 20일
지은이 - 이영섭
펴낸이 - 이영섭
출판사 - 인피니티컨설팅
서울 용산구 한강로2가 용성비즈텔. 1702호
전화 02-794-0982
e-mail - bangkok3@naver.com
등록번호 - 제2022-000003호
※ 잘못된 책은 바꾸어 드립니다.
※ 무단복제를 금합니다.
　　　9791192362854
ISBN 979-11-92362-85-4

값 20,000